Key Technologies and Practice for Flood Risk Management and Disaster Prevention of Full Flood Process in Hejiang Basin

贺江流域洪水风险管控关键技术研究与实践

吴亚敏　杨辉辉
李媛媛　侯贵兵　◎著

长江出版社
CHANGJIANG PRESS

图书在版编目（CIP）数据

贺江流域洪水风险管控关键技术研究与实践 / 吴亚敏等著 .
—武汉 ：长江出版社，2023.10
ISBN 978-7-5492-9125-0
Ⅰ . ①贺… Ⅱ . ①吴… Ⅲ . ①西江 – 流域 – 洪水 – 风险管理
Ⅳ . ① P426.616

中国国家版本馆 CIP 数据核字 (2023) 第 203286 号

贺江流域洪水风险管控关键技术研究与实践
HEJIANGLIUYUHONGSHUIFENGXIANGUANKONGGUANJIANJISHUYANJIUYUSHIJIAN
吴亚敏等 著

责任编辑： 李春雷
装帧设计： 郑泽芒
出版发行： 长江出版社
地　　址： 武汉市江岸区解放大道 1863 号
邮　　编： 430010
网　　址： https://www.cjpress.cn
电　　话： 027-82926557（总编室）
027-82926806（市场营销部）
经　　销： 各地新华书店
印　　刷： 武汉新鸿业印务有限公司
规　　格： 787mm×1092mm
开　　本： 16
印　　张： 11
字　　数： 265 千字
版　　次： 2023 年 10 月第 1 版
印　　次： 2023 年 10 月第 1 次
书　　号： ISBN 978-7-5492-9125-0
定　　价： 86.00 元

前 言

Preface

贺江是珠江流域西江水系左岸一级支流，地处西江流域东北部，跨越湖南、广西、广东3省（自治区），流域面积11590km^2。贺江流域属亚热带季风性湿润气候，雨量充沛，暴雨中心多出现在贺江中游和支流大宁河上游一带，中下游则同时受贺江上游洪水、西江洪水顶托和区域内暴雨洪水的影响，历史上多次发生大洪水，是洪涝灾害多发区域。1994年7月、2002年7月和2008年6月贺江流域发生了特大洪水，中下游地区城镇和大面积农田受淹，给沿江人民的生命财产带来了巨大损失。

贺江流域洪源组成复杂、防洪工程体系相对薄弱、上下游洪水风险和利益协调难度大，是贺江流域洪水防御的难点和重点。一是洪源组成复杂，流域可能的威胁洪源包括中上游洪水、区域内暴雨以及干流西江洪水的顶托。二是流域防洪工程体系薄弱，流域没有规划承担防洪任务的大型水库，龟石水库调整功能后预留防洪库容，合面狮水库可发挥一定的滞洪作用，两库合计防洪库容仅1.01亿m^3，相对流域20年一遇5d设计洪量10.3亿m^3，洪水调蓄能力远远不够；流域中下游地区堤防标准低，部分乡镇仍存在不设防的情况。三是贺江流域具有洪水调节作用的龟石水库、合面狮水库位于上游的广西壮族自治区境内，主要防洪保护对象有广西壮族自治区贺州市和广东省封开县，流域洪水防御工作需要统筹协调上下游两省（自治区）的洪水风险和利益诉求，具有较大的工作难度。

为了提高贺江流域防洪安全保障能力，最大限度地减免洪涝灾害损失，针对贺江流域洪水防御工作难点，亟须攻克贺江流域暴雨洪水规律、上下游梯级协同调控、洪水风险动态评估等关键技术难题。为此，在水利部珠江水利委员会及广西、广东两省（自治区）水利部门的指导下，中水珠江规划勘测设计有限公司“贺江流域洪水风险管控关键技术研究”项目组历经六年多产研用，依托“贺江洪水调度方案”“贺江中下游地区洪水风险图编制”“贺江超标洪水防御预案”等重大课题，围绕贺江流域洪水防御的关键技术难题开展攻关研究，取得了重要创新和突破。

本书采用实地调研查勘、数值模型和理论分析相结合的技术手段，梳理了贺江流域经济社会发展、历年洪涝灾害、防洪工程建设和规划等情况；揭示了贺江流域暴雨洪水规律，识别了流域可能的洪水来源，研判和评估了洪水影响范围及可能造成的损失，掌握了流域洪水风险的发生、发展、趋势和程度等特性；在此基础上，通过模拟分析不同洪水情境下的下游防洪保护区实时洪水淹没范围、淹没水深、洪水流速以及洪水前锋到达时间等洪水风险要素，确定可能遭受灾害损失的范围和受损程度，并制定避洪转移路线和安置方案；最后，基于流域防洪工程体系现状和防洪风险状况，制定了科学合理的洪水调度方案和超标准洪水防御措施。

本书提出的贺江流域洪水风险全过程管控的模式和关键技术是支撑贺江流域洪水灾害防御工作由减少灾害损失向减轻灾害风险转变的一次重大突破。相关研究成果已应用到贺江流域2018—2021年的洪水防御实践工作中，取得了良好的应用效果。目前，随着流域防洪减灾体系的建设，大江大河的洪水防御问题取得了较大的突破，中小河流防洪减灾仍存在较多短板弱项，贺江流域洪水风险管控研究的理论和方法对国内外中小河流防洪减灾有较大的推广应用价值，具有广泛的发展前景和潜在效益。

本书凝聚了整个项目组的集体智慧，共分为9章，其中第1章由吴亚敏、杨辉辉撰写，第2章由李媛媛、杨辉辉撰写，第3章由吴亚敏、李媛媛、侯贵兵撰写，第4章由吴亚敏、杨辉辉、黄锋撰写，第5章由侯贵兵、王玉虎撰写，第6章由吴亚敏、杨辉辉撰写，第7章由李媛媛、王玉虎撰写，第8章由杨辉辉撰写，第9章由杨辉辉撰写，全书由吴亚敏、杨辉辉、李媛媛、侯贵兵统稿。

限于作者水平且撰写时间仓促，书中难免存在疏漏和欠妥之处，敬请各位读者予以批评指正。

作　者
2023年2月

目　录

Contents

第1章 绪论

1.1 研究背景及意义

贺江是珠江流域西江水系左岸一级支流，地处西江流域东北部，位于东经 111°08′49″～112°11′46″，北纬 23°20′43″～25°08′28″。流域北靠五岭，南通西江，东邻广东连山、怀集山区，西与广西恭城、昭平盆地为界，是跨越湖南、广西、广东 3 省（自治区）的跨省河流，流域面积 11590km²，其中，湖南境内面积 164km²（占 1.4%），广西境内面积 8363km²（占 72.2%），广东境内面积 3063km²（占 26.4%）。贺江干流发源于广西富川县麦岭镇长春村茗山湖园岭西南，经富川县、钟山县、平桂管理区、贺州市城区，往东流至贺州市贺街镇浮山与大宁河汇合后，经步头、信都、铺门镇，在铺门镇扶隆村进入广东省境内，在广东省境内经封开县南丰、大玉口、都平、白垢、大洲、江口镇，于江口镇注入西江。

贺江流域属亚热带季风区，受季风及太平洋暖流影响，气候温和，雨量充沛，雨日多，强度大，雨热同季，洪涝灾害是贺江流域的主要自然灾害。贺江流域中游和支流大宁河上游一带是广西的主要暴雨区之一，历史上贺江流域多次发生大洪水，流域沿岸地区平均不到两年就受淹一次，个别年份一年内受 2 次大水淹浸。新中国成立后，1994 年 7 月、2002 年 7 月和 2008 年 6 月发生的特大洪水给沿江人民的生命财产造成了巨大损失。

贺江流域防洪工程体系相对薄弱，根据水利部批复的《贺江流域综合规划》，流域防洪工程体系分为中上游防洪工程体系和下游防洪工程体系。其中，流域中上游防洪主要通过调整龟石水库功能，使其预留 6740 万 m³ 防洪库容，与贺州市堤防联合运用，将贺州市防洪标准由 20 年一遇提高到 50 年一遇；中下游防洪工程以堤防工程为主，但标准较低，封开县城区堤防标准为 20～30 年一遇，乡镇堤防标准仅 5～10 年一遇，部分乡镇不设防，通过合理调度运行，位于暴雨中心大宁河汇合口下游的合面狮水库能发挥一定的防洪作用。从流域工程体系分布以及水库调节性能角度来看，流域中上游河段洪水主要受龟石水库调控影响，中下游河段洪水主要受龟石和合面狮水库调洪共同影响，但两库合计防洪库容只有 1.01 亿 m³，与贺江流域 20 年一遇 5d 设计洪量 10.3 亿 m³ 相比，洪水调节能力远远不够。

近年来，贺江流域防洪工程建设受到流域、地方水利部门的高度重视，对城区堤防工程加大建设力度，并积极推进主要防洪水库龟石、合面狮等水库的防洪调度相关工作，贺江流域防洪工程体系逐渐完善，并在防洪工作中发挥了重要作用。随着全球气候变化和人类活动对自然环境影响的不断加剧，贺江流域洪涝灾害脆弱性凸显，现行有效的防洪手段面临一系列新的挑战，如 2013 年 8 月，受强台风“尤特”影响，下游广东封开县及广西贺州市部分地区普降大到暴雨，上游合面狮水库达到防洪高水位后泄洪，导致封开县沿岸各镇不同程度受灾，直接经济损失达 1.16 亿元。党的十八大以来，习近平总书记明确提出“坚持以防为主、防抗救相结合，坚持常态减灾和非常态救灾相统一，从注重灾后救助向注重灾前预防转变，从应对单一灾种向综合减灾转变，从减少灾害损失向减轻灾害风险转变”。“两个坚持、三个转变”防灾减灾新理念意味着水旱灾害防御各项工作重点前移至灾害风险管控层面。研究洪水风险特性并提出洪水风险管控措施，是开展洪水灾害防御工作的一个新兴理念，目的是通过对洪水风险的研究，寻求一种更加合理、更加有效的灾害防御模式，将“控制洪水”向“洪水管理”转变。同时，积极推进洪水风险管理对于增强全民的水患意识、促进防洪决策科学化、因地制宜采取减灾对策、促进防洪保护区土地合理开发利用、协调人水关系、保障社会安定和国民经济的持续稳定发展具有重要的意义。

因此，研究致灾因子多、灾害损失大、工程体系较为薄弱、洪水调控手段相对缺乏的贺江流域的洪水风险管控关键技术，并应用于贺江流域洪水防御工作，对切实提高贺江流域防洪保障能力，最大限度减免洪涝灾害损失，为流域社会经济高质量发展提供水利支撑具有重要意义。

1.2 关键技术问题

洪水风险指生命、财产、环境等承灾体遭受洪水损失、伤害、不利影响或毁灭的可能性。研究洪水风险需重点关注 3 个方面：一是洪水致灾力，二是承灾体脆弱性，三是成灾损失。洪水风险的最大的特点就是不确定性，一是发生时间不确定，二是发生地点不确定，三是风险程度不确定，四是成灾结果不确定。因此，研究的关键技术问题在于针对贺江流域现有防洪能力，解析上下游洪水风险的不同特征和不同洪水情境下的洪水风险特征，制定合理、协调、可行的调控措施、避洪转移安置方案、超标准洪水应急预案等，形成贯穿洪水风险管控全过程的关键技术，具体包括以下几个方面：

(1)风险研判

针对风险发生时间、地点的不确定性，亟须对贺江流域洪水风险进行识别、研判和评估，及时了解掌握洪水风险的发生、发展、趋势和程度等，揭示洪水风险规律，从而判断其致灾能力及可能波及的范围和后果。

(2)风险规避

风险程度和成灾结果的不确定决定了需要对防洪保护区的实时洪水风险进行动态评估，从而确定可能遭受灾害损失的地区和程度，适时撤离风险区域，达到规避风险的目的。

(3)风险调控

在对防洪保护区的实时洪水风险进行动态评估的基础上，运用防洪工程体系，如调度水库、启用滞洪区分洪等手段来减轻重点防洪保护区的洪水压力，同时寻求上游水库群调度决策与下游保护区实时洪水风险评估的响应互馈，及时调整风险调控的方案和手段，达到最大限度减免洪水风险的目的。

1.3 研究内容与技术路线

1.3.1 研究内容

针对贺江流域洪涝灾害频繁，防洪工程体系较为薄弱，洪涝灾害损失惨重，尤其是贺江洪水防御工作需要统筹协调上下游广西、广东两省（自治区）的洪水风险和利益诉求，本书聚焦贺江洪水风险管控关键技术的研究和实践，从风险研判、风险规避、风险调控的角度系统全面地开展贺江洪水风险识别、洪水动态风险评估、水库洪水调控、保护区避险转移、超标洪水应急等一系列关键技术的研究以及贺江流域大洪水防御实践应用，对切实提高贺江流域防洪保障能力，最大限度减免洪涝灾害损失，保障社会安定和国民经济的持续稳定发展具有重要意义。

结合贺江流域现有防洪能力和洪水风险特征，本书重点研究以下3个方面的内容。

（1）贺江流域洪水风险分析数值模型

洪水分析是利用水文、水力学等方法对洪水发生、发展运动规律的模拟计算，通常用数值模型实现。在辨识贺江流域洪水来源组成、风险分布特征和发展规律的基础上，研究构建贺江流域洪水分析模型，包括一、二维水动力学模型及洪水损失评估模型；为建立洪水实时调控措施与下游保护区实时洪水风险的响应互馈，洪水风险分析模型还应包括水库群联合防洪调度模型。为解决模型之间在尺度与维数、时空特点、数据处理机制等方面存在的差异，实现模型之间数据交互与有效连接，需研究以上3种模型的集成与耦合。

（2）贺江流域洪水风险影响评估分析

洪水风险分析包括风险识别、风险评估和风险损失评价，为制定适宜的风险调控措施提供支撑。以贺江洪水分析数值模型为手段，辨识贺江流域上下游不同区域的洪水来源组成、风险因素，评估贺江洪水风险的分布特征、影响范围和可能造成的损失，掌握洪水风险的发生、发展、趋势和程度等，研判风险可接受程度。

（3）贺江流域洪水风险管控技术的研究

贺江流域洪水风险管控措施包括水库调控技术、避险转移方案及超标洪水应急防御等。以贺江洪水分析数值模型为手段，研判洪水实时风险并及时反馈和调整洪水调控目标，合理制定河道泄洪、水库调控等措施手段，尽力减轻下游防洪压力，减免洪水风险；确定可能遭受灾害损失的地区和受损程度，结合保护区实际经济、人口分布、避险安置条件等制定避洪转移路线和安置方案；辨识和预判流域超标洪水的风险，从堤防工程安全与潜力挖掘、水库优化调度、洪水监测预报与预警发布、应急联动等环节研究制定超标洪水的防御措施，最大限度减免风险。

1.3.2 技术路线

在收集整理贺江流域自然地理、水文气象、社会经济和防洪工程、洪水灾害损失等资料的基础上，结合实地调研查勘，本书开展了贺江流域洪水风险研判、风险规避、风险调控等方面的工作。具体技术路线为：根据已收集的资料，基于不同洪水来源，通过一、二维耦合的水动力学模型对防洪保护区内的可能洪水来源及其影响进行全面分析和影响评估；在此基础上，通过不同洪水情境下的下游防洪保护区实时洪水淹没范围、淹没水深、洪水流速以及洪水前锋到达时间等洪水风险要素，确定可能遭受灾害损失的地区和受损程度，并制定避洪转移路线和安置方案；最后，基于贺江流域防洪工程体系和实时防洪风险状况，制定科学合理的洪水调度方案和防御洪水方案，为贺江流域洪水风险管控提供技术支撑。贺江流域洪水风险管控研究技术路线见图 1-1。

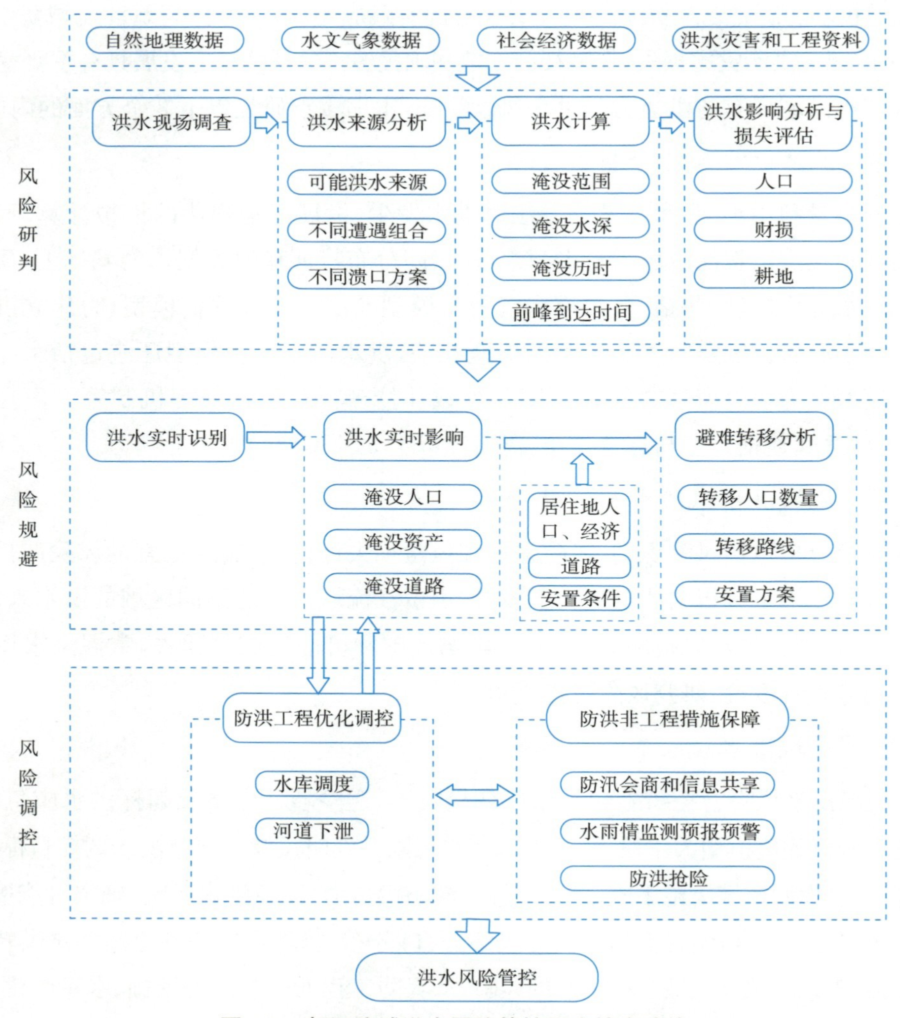

图 1-1 贺江流域洪水风险管控研究技术路线

1.4 贺江流域概况

贺江是西江左岸一级支流，跨越湖南、广西、广东3省（自治区），流域面积11590km^2。2020年流域3省（自治区）总人口438.2万，耕地面积443.8万亩，地区生产总值1579.7亿元。贺江流域洪涝灾害频繁，随着经济社会的快速发展，国民经济各部门对防洪安全保障能力提出了更高的要求，洪水管理理念也由“控制洪水”向“洪水管理”转变。为提高流域洪水灾害防御能力，促进区域经济社会可持续发展，加强湖南、广西、广东3省（自治区）之间水事协调，开展贺江流域洪水风险管理的研究工作十分必要。全面了解掌握贺江流域的自然地理、社会经济和防洪工程具体情况，是科学制定流域各项战略部署的必要前提。本节主要介绍流域河流水系、地形地貌、气象水文、社会经济、洪涝灾害、流域防洪工程体系及水雨情测报系统的建设情况。

1.4.1 河流水系

贺江干流发源于广西富川县麦岭镇长春村茗山屯湖园岭西南，经富川县、钟山县、平桂管理区、贺州市城区，往东流至贺州市贺街镇浮山与大宁河（又称“桂岭江”“临江”）汇合后，经步头、信都、铺门镇，在铺门镇扶隆村进入广东省境内，在广东省境内经封开县南丰、大玉口、都平、白垢、大洲、江口镇，于江口镇注入西江。贺江干流长357km，落差417m，平均比降0.58‰。其中，源头至贺州市八步区称富江（又称“富川江”），八步区以下至河口称贺江。

贺江流域支流众多，集水面积大于400km^{2}的一级支流有大宁河、东安江等5条。贺江干流及主要支流基本情况见表1-1。

1.4.2 地形地貌

贺江流域地处萌渚岭南山地丘陵区，自东北边缘至西南端，山岭连绵，中南部多为崇山峻岭，中部大桂山横贯而过，形成北高南低地势。灰岩主要分布在流域中、上游沿江两岸，岩溶区和非岩溶区错落分布，岩溶区多属南北向倾斜，形成峰林谷地、平地，非岩溶区受新构造运动的影响及岩性的差异，河流上游陡峻，其中有峡谷，中、下游部分地势平坦开阔，分布着300多平方千米的贺街平原及信都平原，山岭一般海拔高程为500～1500m，多分布于流域边缘及中下游。耕地主要分布在上游的富川、古城沿河两岸，以及中游的信都至南丰的平原区。南丰之下，河道弯曲甚大，左右回绕，两岸都是山岭。

表 1-1 贺江干流及主要支流基本情况

河流名称	级别	发源地点	河口地点	集水面积/km^2	河长/km	平均比降/‰
贺江干流	干流	广西富川县麦岭镇黄沙岭	广东封开县江口镇	11590	357	0.58
富江	干流	广西富川县麦岭镇	广西贺州市八步区	2012	63	3.15
大宁河	1级支流	湖南江华县新圩乡钟家村	广西贺州市八步区贺街镇大鸭村	2419	109	2.21
东安江	1级支流	广西贺州市八步区鹅塘镇	广东封开县大洲镇	2388	131	2.60
白沙河	1级支流	湖南江华县可路口镇腊面山村	广西贺州市钟山县城厢镇程石村	196	22	3.00
西湾河	1级支流	广西平桂管理区望高镇	广西平桂管理区西湾村	205	40	7.67
马尾河	1级支流	广西里松镇斧头山	广西贺州市莲塘镇	460	49	0.66
沙田河	1级支流	广西贺州市平桂管理区沙田村	广西贺州市平桂管理区三加村	224	33	6.76
湖罗河	1级支流	广西贺州市八步区步头镇	广西贺州市八步区贺街镇	190	47	9.20
滦水河	1级支流	广西贺州市八步区步头镇	广西贺州市八步区步头镇	108	23	31.20
林洞河	1级支流	广西贺州市八步区仁义镇	广西贺州市八步区仁义镇	247	45	3.50
西两河	1级支流	广西贺州市八步区灵峰镇	广西贺州市八步区信都镇	176	37	29.60
金装河	1级支流	广东怀集县大帽顶	广东封开县南丰镇莲塘村	442	43	1.99
大玉口河	1级支流	广东封开县大玉口镇	广东封开县大玉口圩	128	21	2.93
莲都河	1级支流	广东封开县莲都镇	广东封开县莲都镇清水湾	274	47	4.56
渔涝河	1级支流	广东封开县七星镇	广东封开县渔涝河口	626	60	4.69
石家河	2级支流	广西富川县麦岭乡新造村	广西富川县龟石水库	126	32	5.00
杏花河	2级支流	广东封开县黄歧岭村	广东封开县渔捞镇	128	22	5.20
黄岗河	2级支流	广东德庆县大河尾	广东封开县独村	108	23	12.80
长安河	2级支流	广东怀集县大江川脚	广东封开县扶心村	133	24	1.92
大平河	2级支流	广西贺州市平桂管理区沙田镇	广西苍梧县梨埠镇	1103	133	2.81
思艾河	2级支流	广西贺州市平桂管理区公会镇	广西苍梧县梨埠镇	183	31	0.50
都江河	2级支流	广西贺州市八步区南乡镇大汤村	广西贺州市八步区黄洞乡	371	57	2.40

贺江中下游重要防洪保护对象封开县属山地丘陵区，地势东西两侧高，中部和南部较低。东部山峰多在海拔 300m 以上，西部多为 300～700m 低山丘陵。西江从西南部穿过县境，贺江斜贯中部，于江口镇注入西江。

封开县境内地貌有坡度陡峭的山地，也有坡度平缓的丘陵（包括北境葫芦形盆地，属低山丘陵区），地势呈东西两侧高，中间凹，南北低。其主要特征可概括为丘陵广布，山区偏东，高丘偏西，呈带状分布。封开县境内北部的南丰镇属低山丘陵区；西部的渡头、大玉口、都平、大洲、白垢镇和部分乡村属高中丘区；中部的渔涝、莲都镇属高丘低山山区。贺江下游防洪保护区地形地貌见图 1-2。

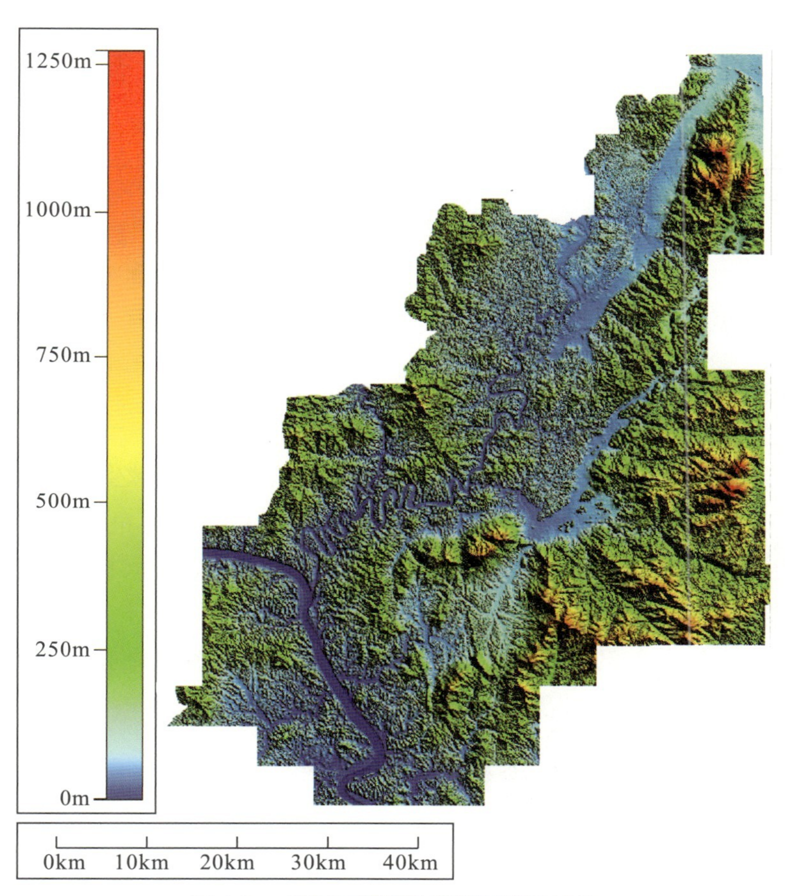

图 1-2 贺江下游防洪保护区地形地貌

1.4.3 气象水文

贺江流域地处亚热带季风气候区内，全年气候温暖，光照充足，雨量充沛。年平均降雨量为 1480.0mm，降雨量分布大致为南部略少，北部稍多；年内降雨量的分布极不均匀，干湿季节明显，大体上夏季多、冬季少，降雨量主要集中在汛期 4—9 月，占年总雨量的 76%。其中，第一季度降雨量占全年总雨量的 13.8%；第四季度降雨量锐减，仅占全年总雨量的

8.5%。年总雨量最大的年份为 1997 年,达 2134.0mm,年总雨量最少的年份为 1977 年,仅 937.8mm。根据封开站观测资料统计,封开县多年平均气温 20.8℃;最高气温 38.8℃(1972 年 7 月),最低气温-3.4℃(1963 年 1 月);多年平均相对湿度为 82%,大多数年份在 80%以上;最大风速为 29.2m/s。

1.4.4 社会经济

贺江流域涉及 3 省(自治区)5 地级市 12 县(区),其中,广西壮族自治区境内涉及贺州市的富川县、钟山县、平桂管理区、八步区以及梧州市的苍梧县共 5 个县(区);广东省境内涉及肇庆市封开县、德庆县、怀集县、连南县及连山县共 5 个县;湖南省境内涉及永州市江华县和江永县共 2 个县,贺江流域行政区域情况见表 1-2。

表 1-2　　贺江流域行政区域情况

省(自治区)	市	县(区)
广西	贺州	八步区、平桂管理区、富川县、钟山县
	梧州	苍梧县
广东	肇庆	封开县、德庆县、怀集县
	清远	连南县、连山县
湖南	永州	江华县、江永县

2020 年,流域总人口 438.20 万,其中农村人口 268.19 万。流域生产总值 1579.7 亿元,其中第一、第二、第三产业比重为 27∶31∶42。耕地面积 443.79 万亩,有效灌溉面积 254.4 万亩。流域工业涉及电力、冶金、食品、纺织、煤炭、化工、建材、烟草、机械、林化等行业。流域内农业、林业资源丰富,封开县为“中国松脂之乡”,矿产资源比较丰富。流域交通便利,铁路、公路、水路纵横交错,207、323 国道和 3 条省道干线贯穿于流域的东西南北。贺江流域各县(市)2020 年经济社会基本情况见表 1-3。

表 1-3　　贺江流域各县市 2020 年经济社会基本情况

省(自治区)	市	县(区)	国土面积/km^2	耕地面积/万亩	总人口/万	城镇人口/万	第一产业总产值/亿元	第二产业总产值/亿元	第三产业总产值/亿元	地区生产总值/亿元
广西	贺州市	八步区	3714.00	62.40	65.68	33.92	38.90	87.16	138.61	264.60
		平桂区	2022.00	39.90	40.47	22.22	28.23	81.84	73.31	183.39
		富川县	1572.00	32.04	26.69	11.39	31.31	27.91	32.68	91.90
		钟山县	1472.00	34.23	35.15	15.53	20.00	39.50	63.10	122.60
	梧州市	苍梧县	2781.72	31.35	27.72	8.29	22.25	10.55	19.53	52.33

续表

省（自治区）	市	县（区）	国土面积/km²	耕地面积/万亩	总人口/万	城镇人口/万	第一产业总产值/亿元	第二产业总产值/亿元	第三产业总产值/亿元	地区生产总值/亿元
广东	肇庆市	封开县	2724.00	50.40	37.44	12.39	55.27	47.20	43.31	145.77
		德庆县	2003.00	25.81	33.13	9.98	37.69	60.32	58.99	157.00
		怀集县	3554.00	64.03	80.50	22.15	106.76	50.07	90.11	246.91
	清远市	连南县	1306.00	11.73	13.47	6.10	11.65	14.17	31.19	57.00
		连山县	1265.00	11.27	9.56	3.94	11.07	6.60	20.46	38.13
湖南	永州市	江华县	3248.00	44.55	44.82	16.09	31.11	47.26	59.32	137.69
		江永县	1629.15	36.08	23.57	8.00	26.90	19.88	35.55	82.33
合计			27290.87	443.79	438.20	170.01	421.14	492.46	666.16	1579.66

1.4.5 洪涝灾害

贺江流域属亚热带季风区，受季风及太平洋暖流影响，气候温和，雨量充沛，雨日多，强度大，雨热同季，洪涝灾害是流域的主要自然灾害。

流域中游和支流大宁河上游一带是广西的主要暴雨区之一，干流洪水一般由贺江中游和支流大宁河洪水组成，其中贺江干流来水所占比重较大，但有时大宁河的来水也会占50%以上，如1994年7月洪水则主要来自贺江干流上游，造成上游各站点洪水高，2002年7月洪水主要来自支流大宁河，致使中下游洪水灾害严重。历史上贺江流域多次发生大洪水，流域沿岸地区平均不到两年就受淹一次，个别年份一年内受两次大水淹浸。新中国成立后，1994年7月、2002年7月和2008年6月发生的特大洪水给沿江人民的生命财产带来了巨大损失。

根据2001—2013年洪涝灾害资料统计，流域每年均有不同程度的受灾，平均农作物受灾面积23.8万亩，平均受灾人口30.1万，平均直接经济损失3.5亿元，其中2002年受灾最为严重，农作物受灾面积96.4万亩，直接经济损失约20.4亿元（当年价）。贺江流域2001—2013年洪涝灾害损失情况见表1-4。

表1-4　　贺江流域2001—2013年洪涝灾害损失情况

年份	农作物受灾面积（万亩）		受灾人口/万	死亡人口/人	损坏堤防/km	倒塌房屋/间	直接经济损失/亿元（当年价）
	受灾	成灾					
2001	11.2	2.6	22.2	4	0.1	198	0.5
2002	96.4	12.8	116.2	9	2.6	393	20.4
2003	7.6	3.9	5.0	0	0.0	587	0.3

续表

年份	农作物受灾面积(万亩)		受灾人口/万	死亡人口/人	损坏堤防/km	倒塌房屋/间	直接经济损失/亿元(当年价)
	受灾	成灾					
2004	1.6	0.3	4.7	0	0.0	0	0.1
2005	23.8	10.8	33.4	0	42.5	3623	5.0
2006	29.7	17.1	39.6	0	7.8	1042	2.5
2007	8.4	5.9	9.5	0	0.3	206	0.2
2008	37.1	25.4	44.9	3	40.0	1026	6.1
2009	15.4	9.1	6.0	3	1.1	226	0.4
2010	46.2	26.4	52.9	0	38.6	1315	3.5
2011	5.3	3.2	5.6	0	1.3	53	0.6
2012	12.8	4.0	25.8	5	8.0	374	2.1
2013	14.5	5.5	25.1	0	19.3	990	3.5
平均	23.8	9.8	30.1	2	12.4	772	3.5

流域内主要受灾区域位于下游广东封开县境内，由于沿岸城镇地势较低，堤防标准低甚至不设防，且易受西江干流回水顶托影响，遇暴雨时往往容易受淹，其中又以南丰镇受灾最为严重，“2002・7”“2008・6”洪水期间直接经济损失分别高达0.97亿元、1.09亿元(当年价)。

1.4.6 流域防洪工程体系

流域防洪工程体系是抵御洪涝灾害威胁、保障防洪安全的第一道防线，关乎区域安全发展和人民群众生命财产安全。应基于系统观念，强化底线思维，以流域为单元，通过固底板、补短板、锻长板，加快完善由河道及堤防、水库、分蓄洪工程等组成的现代化防洪工程体系，筑牢流域洪涝灾害防御基底。本节从规划防洪工程体系、防洪工程建设情况及防洪能力两个方面分析贺江流域的防洪能力。

1.4.6.1 规划防洪工程体系

根据水利部批复的《贺江流域综合规划》，贺江流域防洪工程体系分为中上游防洪工程体系和下游防洪工程体系。

(1)贺江中上游防洪工程体系

贺江中上游防护对象主要为沿江钟山县、贺州市、信都镇、铺门镇等城镇和农田。中上游防洪工程体系为堤库结合方案，通过调整龟石水库功能，使其预留防洪库容，承担下游防洪任务。龟石水库调洪后，可将贺州市50年一遇洪水削减至20年一遇。通过堤库结合，可将贺州市防洪标准由20年一遇提高到50年一遇。同时，可兼顾减轻钟山县的防洪压力。

(2)贺江下游防洪工程体系

贺江下游防洪工程体系以堤防工程为主,合面狮水库可发挥其滞洪削峰作用。规划封开县城防洪标准为30年一遇,南丰、渔涝、白垢、大洲等镇防洪标准为20年一遇。

从流域工程体系以及调度手段来看,贺江中上游河段防洪任务主要由龟石水库承担,下游河段的防洪任务由龟石和合面狮水库共同承担。

1.4.6.2 防洪工程建设情况及防洪能力

(1)水库工程

目前,贺江干流已建龟石、龙井、升平、城厢、羊头、黄石、芳林、厦岛、合面狮、云腾度、都平、白垢和江口共13级电站,支流大宁河建有石门桥、柳杨等电站,支流东安江上建有爽岛、西中等电站。其中,龟石、合面狮、爽岛3座水库为大型水库,龟石水库具有多年调节性能,合面狮水库具有季调节性能,其余均为无调节或日调节性能。

1)龟石水库

龟石水库位于广西贺州市钟山县龟石村富江干流上,水库控制流域面积1254km^2,占贺州市以上流域面积的51%,工程设计洪水标准100年一遇,校核洪水标准1000年一遇,设计洪水位182.70m(珠基),校核洪水位184.70m,正常蓄水位182.00m,死水位171.00m,总库容5.95亿m^3,调洪库容1.55亿m^3,死库容0.92亿m^3,兴利库容3.48亿m^3,为多年调节水库。

工程由主坝、副坝、溢洪道、电站、输水涵管等建筑物组成,主坝坝址位于钟山县龟石村,副坝坝址位于富川县莲山镇吉山村。龟石水库主体工程于1958年10月开工建设,1966年3月1日完成工程竣工验收。2009年10月开始除险加固改造,完成了主副坝防渗加固、培厚加高、尾水导墙修复、蜈蚣岭滑坡体加固、观测设施、金属结构及机电设备更新改造等工程,2013年除险加固工程全部完工,2015年12月通过竣工验收。龟石水库土地征用线以正常高水位182.00m加上2年一遇的洪水回水高程计算,人口迁移线以正常高水位182.00m加上20年一遇的洪水回水高程计算。

在龟石水库设计阶段,水库汛期运行水位定为182.00m。实际运行中,为减少临时淹没,龟石水库4月15日至7月20日为主汛期,汛限水位为181.00m;7月21日至9月30日为后汛期,汛限水位为182.00m。

龟石水库特性见图1-3。

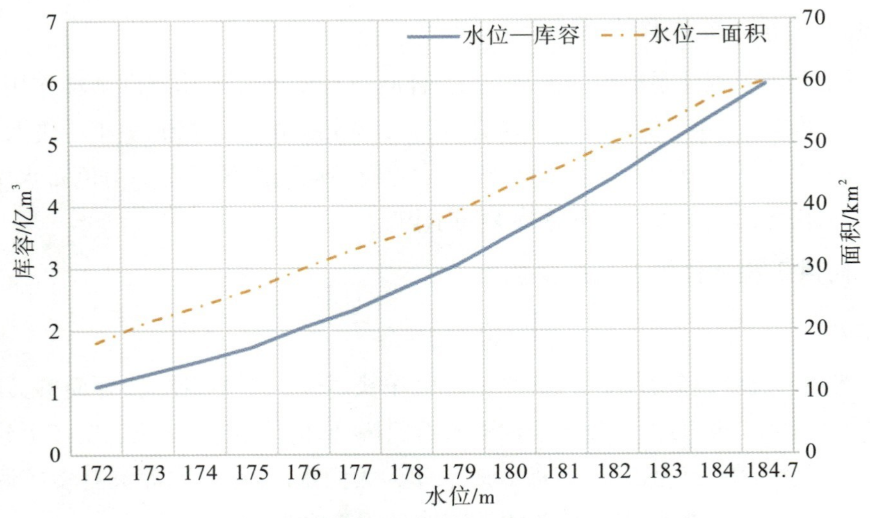

(a)龟石水库水位—库容、水位—面积关系曲线

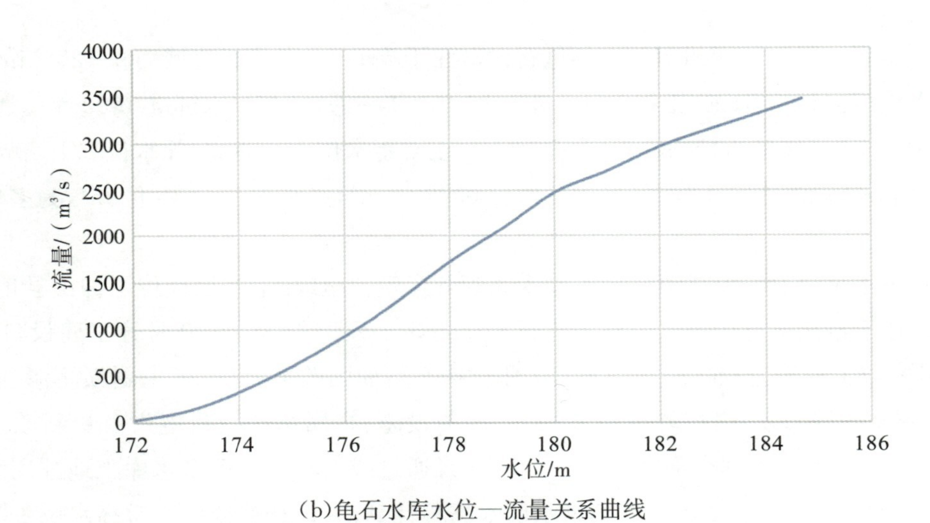

(b)龟石水库水位—流量关系曲线

图 1-3 龟石水库特性

2)合面狮水库

合面狮水库位于贺江中游龙会村水口寨,距信都镇 10km。工程于 1970 年 1 月开始兴建,1976 年 10 月竣工。枢纽工程主要有拦河大坝、发电厂、升压站、筏(排)道、放水管及东西岸渠道。拦河大坝为混凝土宽缝重力坝,坝顶高程 92.50m,最大坝高 54.5m,坝顶长 189m。

坝址控制集雨面积 6260km²,合面狮水库按 100 年一遇洪水标准设计,按 1000 年一遇洪水标准校核,多年平均径流量 67.5 亿 m³,平均流量 214m³/s,水库总库容 2.96 亿 m³,设计洪水水位 89.02m(黄基),校核洪水位 91.20m,正常蓄水位 88.00m,相应库容 2.35 亿 m³,调节库容 1.12 亿 m³,死水位 80.00m,死库容 1.23 亿 m³。合面狮水库淹没搬迁标准按照正常蓄水位 88.00m 加上 5 年一遇洪水计算淹没耕地和设计防护堤,按照正常蓄水位 88.00m 加上 20 年一遇洪水计算搬迁人口。

合面狮水库 4 月 15 日至 7 月 20 日为主汛期，汛限水位 86.00m，调洪库容 0.94 亿 m^3；7 月 21 日至 9 月 15 日为后汛期，汛限水位 87.00m，调洪库容 0.78 亿 m^3。

合面狮水库特性见图 1-4。

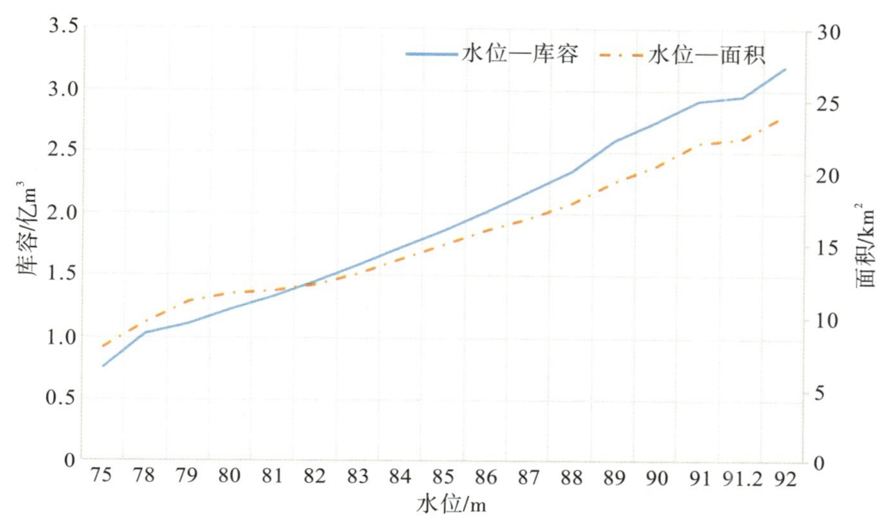

(a)合面狮水库水位—库容、水位—面积关系曲线

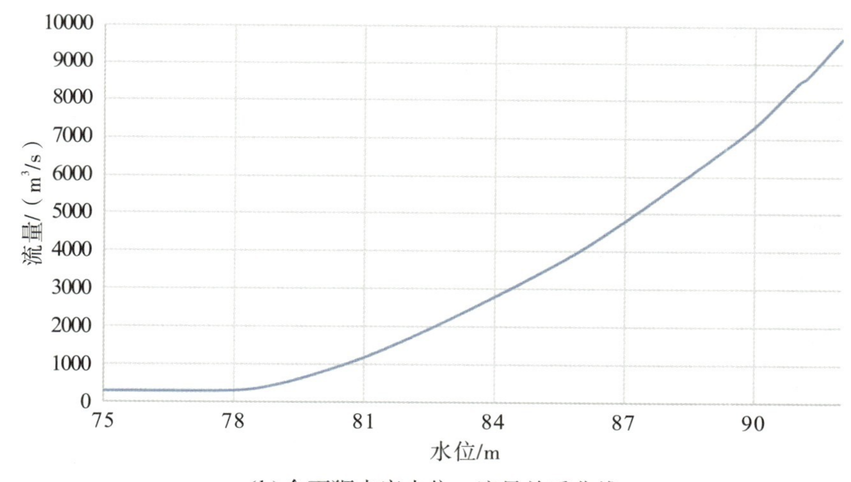

(b)合面狮水库水位—流量关系曲线

图 1-4 合面狮水库特性

3)爽岛水库

爽岛水库位于梧州市苍梧县梨埠镇西北约 11km 处的爽岛峡谷，贺江支流东安江太平河下游。

水库集雨面积 588km^2，库区多年平均降雨量 1670mm，多年平均径流量 6.30 亿 m^3。水库按 100 年一遇洪水设计，1000 年一遇洪水校核，设计洪水位 90.77m，校核水位

92.61m，正常蓄水位90.00m，死水位69.00m，总库容2.12亿m^3，死库容0.377亿m^3。

爽岛水库汛期为5月10日至9月30日，汛限水位为90.00m，调洪库容为0.29亿m^3。

爽岛水库特性见图1-5。

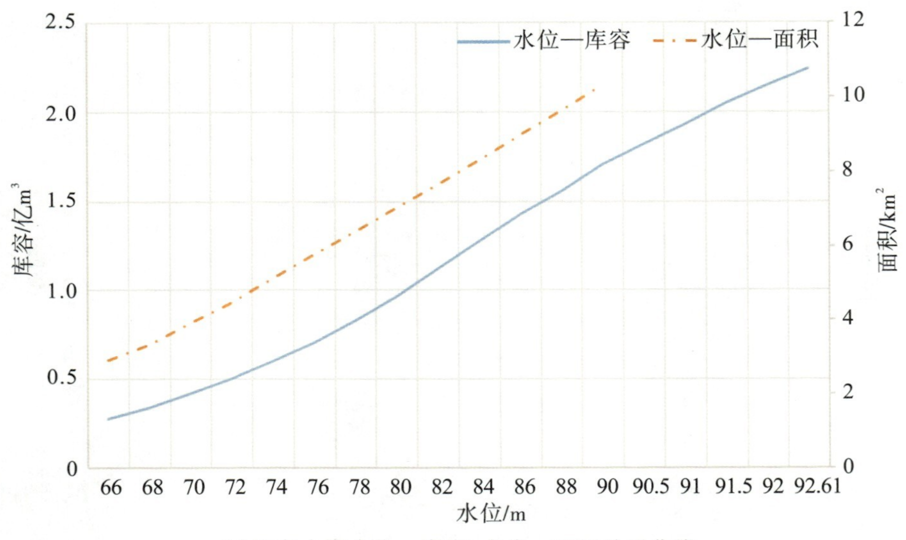

(a)爽岛水库水位—库容、水位—面积关系曲线

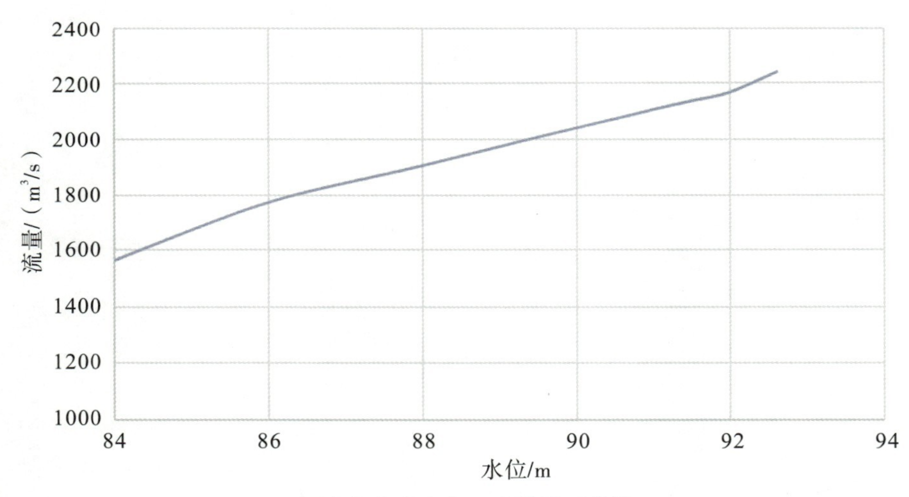

(b)爽岛水库水位—流量关系曲线

图1-5　爽岛水库特性

4)都平、白垢、江口水电站

都平、白垢、江口三级电站位于贺江下游广东封开县境内，均具有日调节性能。

①都平水电站。

都平水电站集水面积7870km^2，坝址以上多年平均降雨量1508mm，多年平均流量251m^3/s。都平水电站由溢流闸坝和副坝组成，溢流闸坝按照50年一遇洪水设计，500

年一遇洪水校核，副坝按照1000年一遇校核。水库设计洪水位36.30m，校核洪水位38.70m，总库容4200万m^3，调节库容3407万m^3，正常蓄水位34.10m，装机容量3万kW。

②白垢水电站。

白垢水电站集水面积8979km^2，坝址以上多年平均降雨量1446mm，多年平均流量282m^3/s。大坝按照30年一遇洪水设计，200年一遇洪水校核，设计洪水位28.86m，校核洪水位31.09m。大坝坝顶高程32.40m，总库容7000万m^3，调节库容1000万m^3，正常蓄水位24.00m，装机容量2.7万kW。

③江口水电站。

江口水电站集水面积11500km^2，坝址以上多年平均降雨量1478mm，多年平均流量349m^3/s。大坝按照50年一遇洪水设计，500年一遇洪水校核，设计洪水位24.43m，校核洪水位27.13m。大坝坝顶高程28.00m，正常蓄水位14.50m，总库容7400万m^3，调节库容942万m^3，装机容量4万kW。

(2)堤防工程

1)广西贺州段

广西境内贺江干流龟石水库以上河段沿岸城镇主要有贺州市钟山县、平桂管理区、八步区、贺街镇。贺江合面狮水库下游河段沿岸城镇主要有贺州市八步区信都镇和铺门镇。

钟山县主要防护对象为县城城区钟山镇。目前两岸堤防基本建成，已建堤防长度4.15km，钟山县主城区堤库结合防护标准基本达到20年一遇，龟石水库调洪后钟山县20年一遇设计洪水流量1460m^3/s，相当于天然10年一遇。

平桂管理区现状已建堤防长度7.38km，包括西湾西堤、西湾东堤、安居堤及平桂新城堤，西湾西堤、东堤防洪标准为20年一遇，平桂区目前较为薄弱的地方位于平桂区祥和大桥下游左岸未建堤防的河段，龟石水库泄量为800～900m^3/s时洪水开始上街；贺州市城区已建防洪堤长度11.27km，包括江北中路堤、江北东路堤、江南中路堤（八步水轮泵站至贺州大桥段）及东路堤等，防洪标准为20年一遇（堤库结合达50年一遇）；贺街镇现状防洪标准为20年一遇。

合面狮以下河段信都镇现状已建堤防标准为10～15年一遇，长度仅1km左右，保护镇区3000多人。当合面狮水库下泄流量为3600～3800m^3/s时信都镇洪水开始上街；下泄流量为4000m^3/s时有较大面积淹没。铺门镇现状基本为天然河岸，处于不设防的状态，当合面狮水库下泄流量为2700～2800m^3/s时，河东村洪水上街；下泄流量达到3000m^3/s时，车龙村受淹；下泄流量达到3100m^3/s时，扶隆村洪水上街；下泄流量达到3500m^3/s，铺门镇区洪水上街。

2)广东封开段

广东境内贺江河段沿江城镇主要有封开县南丰、大玉口、都平、白垢、大洲、江口镇。

①南丰镇。

南丰镇现状已建堤防长 6.20km，堤防设计标准为 5～10 年一遇，堤顶高程 41.3～44.2m，该段堤防位于贺江右岸，主要保护对象为且止村。南丰镇区所在的左岸目前仍处于未设防状态，镇区最低处高程 36.2m，合面狮水库下泄流量为 2200～2800m^3/s 时南丰镇洪水开始上街。

②大玉口镇。

大玉口镇位于都平电站库区，地势较高，合面狮水库下泄流量达到 4800m^3/s，南丰水位达到 40.00m 时，大玉口镇洪水才会上街。

③都平镇。

都平镇现状无防洪工程措施，都平主镇区街道最低高程 32m，房屋最低高程 30.50m，都平、白垢梯级敞泄时，主镇区 30.50m 高程对应的合面狮水库下泄流量为 3600m^3/s。

④白垢镇。

白垢镇已建三鸦、古达口、大勒口、湖西、大云、大朗、大浒、扶冲、榄根、白贯、简头、古佘等堤防，总长 11.90km，堤顶高程 23.50～28.00m。合面狮水库下泄流量 2500m^3/s，江口水位达到 20.00m 时，寿山村开始进水。

⑤大洲镇。

大洲镇现状已建文高、百吉、大播、大洲口、足食、西畔、东岸、莫婆口、下峡蛇等堤防，多为村民自建堤防，防护标准低。全镇堤防合计 6.66km，堤顶高程为 22.00～25.00m，保护 140 人，捍卫水田 1300 亩(1 亩＝0.067hm^2)，经济作物 305 亩。大洲镇洪灾多由西江洪水顶托导致，防洪主要受江口水位影响，西江发生 5 年一遇洪水时，大洲镇洪水开始上街，江口相应水位为 21.65m。

⑥江口镇。

江口镇为封开县城区所在地，镇区警戒水位 17.00m，贺江右岸为老城区，没有堤防，上街水位为 18.00m。贺江左岸为封开县新城区，沿岸建有江滨堤，堤防总长 4.71km，堤防达到 50 年一遇设计标准，堤顶高程为 26.49～26.79m。江口镇沿岸乡村已建堤防主要有宝鸭圹、扶来、勒竹口、台垌、花圹、古芒等，堤防长度合计 5.00km，堤顶高程为 23.00～25.00m，保护 1380 人，捍卫水田 1728 亩，经济作物 466 亩。

广西、广东段现状堤防基本情况见表 1-5。

表 1-5 广西、广东段现状堤防基本情况表

河段	地区	堤防名称		堤防长度/km	保护面积/km^2	保护人口/万	规划标准	现状标准	堤顶高程/m	堤型结构	堤顶宽度/m	高程基面
广西贺州段	钟山县	钟山中学段		2.306	1	0.99	20年一遇	20年一遇（堤库结合）	129.47～131.56	土堤	6	85基面
		钟山县河东新区段		1.842	1.5	0.66	20年一遇	20年一遇（堤库结合）	128.45～129.47	土堤	6	85基面
	平桂区	西湾西堤		2.368	0.35	0.15	20年一遇	20年一遇	112.50～114.47	土堤	6	85基面
		西湾东堤		1.481	0.15	0.07	20年一遇	20年一遇	112.48～114.62	土堤	6	85基面
		安居堤		1.445	0.1	0.05	50年一遇	50年一遇（堤库结合）	112.68～112.84	土堤	6	85基面
		平桂新城堤		2.086	0.36	0.05	50年一遇	50年一遇（堤库结合）	112.18～112.84	土堤	6	85基面
	贺州城区	江北路堤	江北中路堤	2.2	0.38	1.28	50年一遇	50年一遇（堤库结合）	105.8～108.7	土堤、土石混合堤、浆砌石堤	4～6	85基面
			江北东路堤	2.504	5.7	0.48	50年一遇	50年一遇（堤库结合）	105.55～107.30	土堤	6	85基面
		江南路堤	江南中路堤	1.863	0.72	0.77	50年一遇	50年一遇（堤库结合）	105.39～107.97	土堤、浆砌石堤	6	85基面
			江南东路堤（含盘谷河子堤、华山河子堤）	4.707	0.32	0.2	50年一遇	50年一遇（堤库结合）	105.10～105.39	土堤	6	85基面
	信都镇	信都堤		1	0	0.3	20年一遇	10～15年一遇	—	土堤、浆砌石堤	—	85基面

续表

河段	地区	堤防名称	堤防长度/km	保护面积/km^2	保护人口/万	规划标准	现状标准	堤顶高程/m	堤型结构	堤顶宽度/m	高程基面
广东封开段	南丰镇	且止堤	6.20	0.43	0.240	20年一遇	5～10年一遇	41.30～44.20	土堤	4.0～8.0	珠基
	白垢镇	三鸦、古达口、大勒口、湖西、大云、大朗、大浒、扶冲、榄根、白贯、简头、古佘堤等	11.9	—	0.035	20年一遇	—	23.50～28.00	土堤	1.5	珠基
	大洲镇	文高、百吉、大播、大洲口、足食、西畔、东岸、莫婆口、下峡蛇堤等	6.66	—	0.014	20年一遇	—	22.00～25.00	土堤	3.0～7.5	珠基
	江口镇	江滨堤	4.71	0.35	3.800	50年一遇	50年一遇	26.49～26.79	浆砌石堤	12.5	珠基
		宝鸭圹、扶来、勒竹口、台垌、花圹、古芒堤等	5.00	—	0.138	10～20年一遇	—	23.00～25.00	土堤	3.0～12.5	珠基

1.4.7　流域水雨情测报系统

贺江流域的水雨情测报系统分布在流域内龟石、合面狮和爽岛 3 座大型水库，见表 1-7。

表 1-7　　水文自动测报系统测站

站点编码	站点名称	观测项目
1	八步	水位、雨量
2	里松	雨量
3	路花	雨量
4	狮洞	雨量
5	南木	雨量
6	独岭	水位、雨量
7	步头	雨量
8	新丰	水位、雨量
9	坝下	水位、雨量
10	坝上	水位
11	大宁	雨量
12	大塘	雨量
13	桂岭	雨量
14	开山	雨量
15	南乡	雨量
16	连山	雨量

（1）龟石水库水雨情测报系统

龟石水库水雨情测报系统设有中心站 1 个、遥测站 8 个（其中水位雨量测报站 1 个，雨量测报站 7 个），分布在水库库区范围内。水库报汛方式包括网络数据发送，有线、无线电话对接，文件传真，口头汇报等。根据历史数据统计，利用自动测报系统和人工水文观测预测水情，预报洪水精准度在 70%以上。现状龟石水库水雨情测报系统由于老化处于瘫痪状态，水雨情测报预报主要依靠共享贺州市地质、气象等部门系统的数据，预见期为 3～4h。目前水库泄洪对下游的预报预警主要依靠电话沟通。

（2）合面狮水库水雨情测报系统

2003 年 3 月，合面狮水库开始进行水库自动测报和洪水预报调度系统的建设工作。水情自动遥测系统于 2004 年 4 月投入试运行，系统由 2 个中心站、4 个水位雨量站、1 个水位站和 11 个雨量站组成，各测站均具备自动采集、远程传输功能，分别向水库、贺州市防汛办自动传输水情数据。

合面狮水库洪水预报调度采用广西桂东电力水库调度自动化系统。该系统从2013年8月开始试运行，2015年9月进行了初步验收，目前系统运行正常，对水库的防洪和发电调度发挥了重要作用。该系统的通信设备及报汛手段有专线电话、程控电话、手机、网络、对讲机。洪水预报方案类别有降雨径流、合成流量，洪水预报预见期达6～10h，预报精度达80%。

(3)爽岛水库水雨情测报系统

爽岛水库设有水文站、简易气象站和坝前水位测站以及大坝观测设施。爽岛水库现状无洪水自动测报系统及洪水预报系统，现状报汛方式主要靠上游遥测雨量站的降雨量和经验估算洪峰流量和时间。值班室计算统计有关水文数据后通过电话或网络报梧州市水文分局及梧州市防汛办、苍梧县防汛办。

其中，水文站设于水库尾水口乡附近，大河水、小河水上游河段各一个测站，有自记水位台、测流设施和测流断面。简易气象站设于上坝公路旁边，距离大坝约370m，测站内有降雨量观测设施两套，蒸发皿一个，温度表、温度计和湿度表、湿度计各一套。坝前水位测站设于距左坝肩上游10m处，主要观测库水位的升降。以上各种设备使用均正常。

第 2 章　贺江流域暴雨洪水规律研究

贺江流域地处亚热带季风气候区，季风环流作用强烈，雨量充沛，气候及水文水资源特性具有明显的季节变化特性及规律。受季风影响，洪水的发生时间和地区分布与暴雨一致，汛期多暴雨，水量集中而洪涝灾害频繁，流域大洪水多发生在 4—7 月，具有陡涨陡落的山区性河流洪水特性；由于流域有多个暴雨中心，受各类暴雨天气系统影响，干支流的洪水发生时间也不尽相同。全面了解掌握贺江流域的暴雨洪水特性是全面分析贺江洪水风险特征、科学制定洪水调控和规避策略的必要前提。本章重点研究贺江流域的暴雨天气系统以及洪水的时间和空间分布特性；采用数理统计法分析支流大宁河和贺江干流、支流东安江和贺江干流，以及贺江与西江干流的洪水遭遇情况；并根据各站点历史调查和实测长系列洪水资料，计算干支流各站点的设计洪水；分别采用典型洪水地区组成、同频率洪水地区组成分析主要防洪断面贺州、合面狮坝址断面的设计洪水地区组成，为后续全面分析洪水风险、制定水库优化调度方案提供基础支撑。

2.1　暴雨特性

贺江洪水主要由流域中、上游大范围暴雨形成，产生洪水的暴雨天气系统主要有高空槽、低涡切变线、地面静止锋以及台风等。从每年 3 月开始，受各类暴雨天气系统影响，加上流域地形的抬升及扰动作用，降雨频繁，暴雨中心多在贺江流域中游及支流大宁河上游一带，另一支流东安江的洪水对形成贺江流域性大洪水起促进作用。

2.2　洪水特性

贺江洪水主要由流域中、上游大范围暴雨形成，由于暴雨区处于流域的上游，暴雨量大而且集中，河道坡降大，有利于洪水的汇集，形成的洪水往往涨水急剧，洪峰流量大，洪峰持续时间短，洪水过程线呈尖瘦型，一次洪水历时一般为 1～3d。

根据贺江流域上游富阳水文站、中游独岭水文站、下游信都和古榄水文站以及支流大宁河东球水文站的实测资料统计，流域上游大洪水多发生在 4—6 月；中游的大洪水一般集中在 5—7 月；下游大洪水在 5 月、6 月出现频率高，4 月、7 月次之。支流大宁河大洪水主要发生在5月、6月，占比达72.3%，见表2-1。

表2-1 贺江流域主要站点年最大流量时间分布概率

站名	月份	3	4	5	6	7	8	9	10	11	合计
富阳	出现次数	0	10	13	18	7	7	0	1	1	57
	频率/%	0	17.5	22.8	31.6	12.3	12.3	0	1.8	1.8	100
独岭	出现次数	0	2	5	6	7	0	1	0	0	21
	频率/%	0	9.5	23.8	28.6	33.3	0	4.8	0	0	100
东球	出现次数	1	4	15	11	2	1	2	0	0	36
	频率/%	2.8	11.1	41.7	30.6	5.6	2.8	5.6	0	0	100
信都	出现次数	2	6	19	22	9	2	1	1	0	62
	频率/%	3.2	9.7	30.6	35.5	14.5	3.2	1.6	1.6	0	100
古榄	出现次数	2	5	18	18	8	1	1	1	0	54
	频率/%	3.7	9.3	33.3	33.3	14.8	1.9	1.9	1.9	0	100

注：表中数据经四舍五入求得。

贺江干支流洪水年最大洪峰流量模数呈现从上游到下游、支流到干流逐渐减小的规律，以富阳水文站最大为0.599$m^3/(s \cdot km^2)$，东球水文站次之，为0.571$m^3/(s \cdot km^2)$，独岭水文站为0.446$m^3/(s \cdot km^2)$，信都水文站为0.423$m^3/(s \cdot km^2)$，古榄水文站洪峰模数最小，为0.357$m^3/(s \cdot km^2)$。

2.3 洪水遭遇与组成

本节采用数理统计法分析贺江干流信都、古榄（南丰）水文站洪水组成，以及支流大宁河与贺江干流、支流东安江与贺江干流、贺江干流与西江干流的洪水遭遇情况。

贺江干流信都水文站洪水主要由信都以上贺江干流洪水和支流大宁河洪水组成。信都水文站集水面积6380km^2，其中干流独岭水文站占47.3%（面积3020km^2），支流大宁河东球水文站占35.8%（面积2284km^2），区间占16.9%（面积1076km^2）。根据独岭、东球及信都水文站历年实测资料统计分析，信都水文站洪峰组成中，独岭站平均占41%，小于流域面积比（47.3%）；东球水文站平均占42%，大于流域面积比（35.8%）；独岭东球至信都区间占17%，接近流域面积占比（16.9%）。信都水文站年最大洪水1d洪量组成中，独岭水文站平均占43%，小于流域面积比（47.3%）；东球水文站平均占40%，大于流域面积比（35.8%）；独岭东球至信都占17%，大于流域面积比（16.9%）。最大洪水2d洪量组成中，独岭水文站平均占47%，小于流域面积比（47.3%）；东球水文站平均占39%，大于流域面积比（35.8%）；独岭东球至信都占14%，小于流域面积比（16.9%）。最大洪水3d洪量组成中，独岭水文站平均占48%，大于流域面积比(47.3%);东球水文站平均占39%,大于流域面积比(35.8%);独岭东球至信都占13%,大于流域面积比(16.9%)。根据以上分析结果可知,大宁河东球水文站在信都洪峰和洪量组成中,占比均超过流域面积占比,大宁河洪水是形成干流信都水文站洪水的重要组成部分,这也验证了大宁河是贺江上游暴雨中心之一。

贺江干流古榄水文站洪水主要由信都站以上洪水和信都至古榄区间洪水组成。古榄水文站集水面积8273km^2,其中信都水文站占77.1%(面积6380km^2),信都至古榄区间占22.9%(面积1893km^2)。根据信都、古榄水文站历年实测资料统计分析,古榄水文站洪峰组成中,信都水文站平均占73%,小于流域面积比(77.1%);信都至古榄区间占27%,大于流域面积占比(22.9%)。古榄水文站年最大洪水1d洪量组成中,信都水文站平均占77%,接近流域面积比(77.1%);信都至古榄区间占23%,接近流域面积比(22.9%)。最大洪水3d洪量组成中,信都水文站平均占78%,略大于流域面积比(77.1%);信都至古榄区间占22%,略小于流域面积比(22.9%)。根据以上分析结果可知,信都水文站以上洪水和信都至古榄区间洪水均是形成贺江下游洪水的重要组成部分。

根据大宁河东球水文站、干流独岭水文站实测洪水资料统计分析支流大宁河和贺江干流洪水遭遇情况,在共计13年的资料中,贺江和大宁河年最大洪水同场遭遇的有6场,洪水遭遇概率为46.2%,说明贺江干流和支流大宁河年最大洪水遭遇概率较大。

根据干流古榄(南丰)水文站、支流东安江水文站实测洪水资料统计分析支流东安江和贺江干流洪水遭遇情况,在共计15年的资料中,贺江和东安江年最大洪水同场遭遇的有9场,洪水遭遇概率为60%,说明贺江干流和支流东安江年最大洪水遭遇概率大。

根据干流古榄(南丰)水文站及西江干流梧州水文站共计63年实测洪水资料统计分析,由于西江梧州水文站年最大洪水特点为峰高量大,历时长,峰型胖,涨水历时5～10d,西江梧州水文站和贺江古榄(南丰)水文站年最大洪峰正面遭遇概率很小。贺江古榄(南丰)水文站年最大洪水基本在梧州水文站年最大洪水涨水期与其遭遇,在63年中有17年在梧州年最大洪水涨水期遭遇,概率为27%,西江梧州水文站和贺江古榄(南丰)水文站年最大洪水不同场为46场,不同场概率为73%。同场次洪水的洪峰流量和发生时间更有规律性,为分析同场次洪水贺江古榄(南丰)水文站与西江干流梧州水文站洪峰之间的关系,选取贺江古榄水文站历年最大洪峰,同时选取梧州站相应场次洪水洪峰将其点绘在同一张图上进行相关分析,发现古榄与梧州流量相关图点群散乱,相关性较差,见图2-1。这也说明贺江洪水与西江洪水发生时间、历时、量级等特性的不同,贺江年最大洪峰正面遭遇西江洪峰的概率很小,由于贺江洪水过程持续时间短,基本在西江洪水的涨水期与其遭遇。

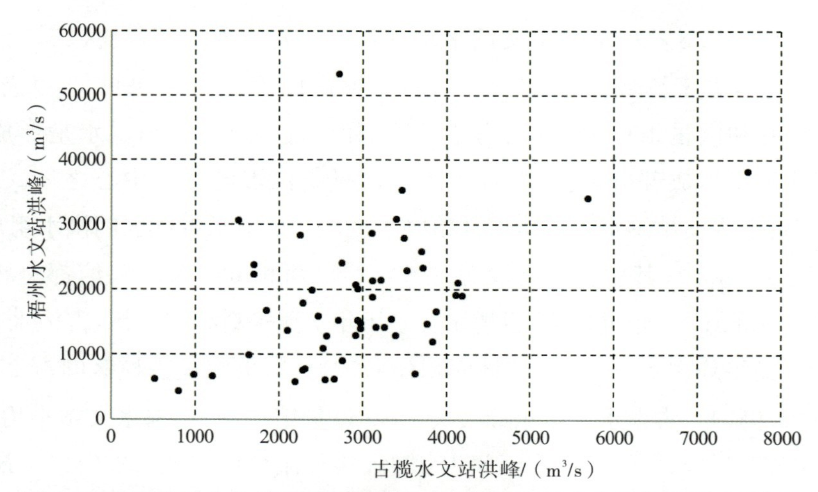

图 2-1 贺江古榄水文站与西江梧州水文站同场次洪峰流量相关关系散点图

2.4 设计洪水

贺江流域从上游至下游设有富阳、贺州、独岭、信都、古榄(南丰)水文站,支流大宁河上设有东球水文站,干流龟石、合面狮水库分别设有水库站。根据贺江流域干支流站点分布情况,结合流域暴雨洪水在干支流不同地区的分布情况,重点分析干流贺州水文站、信都水文站、古榄(南丰)水文站,支流大宁河东球水文站,支流东安江水库坝址,重要枢纽龟石、合面狮水库坝址设计洪水,以及龟石水库坝址—贺州水文站区间、贺州水文站—合面狮水库坝址区间共 7 个重要断面(枢纽坝址)和 2 个重要区间的设计洪水。

2.4.1 水文站点

(1)贺州水文站

贺州水文站于 2000 年 5 月设立,位于贺州市新兴南路附近,2003 年以后进行流量观测,站点以上集水面积 $2444km^2$。独岭水文站位于贺州站下游,集水面积 3020 km^2,有 1972—1992 年实测资料,1992 年后因航道疏浚使测流断面冲淤变化较严重而停止测流。由于贺州水文站观测的水文资料年限短,贺州水文站设计洪水以下游独岭水文站为依据站,根据独岭水文站设计洪水成果采用水文比拟法推求,洪峰流量面积比指数根据独岭水文站与贺州水文站同场次洪水洪峰分析成果,采用 0.9,洪量面积比指数采用 1.0。由于贺州防洪断面及独岭水文站设计洪水均受上游龟石水库调蓄影响,考虑设计洪水成果一致性,贺州水文站设计洪水现状工况分析为受龟石水库影响下的设计洪水。

(2)信都水文站

信都水文站位于贺江干流合面狮水电站下游 10km 的贺州市信都镇,集水面积 $6380km^2$。信都水文站于 1944 年 1 月由珠江水利局设立(信都一站),同年 9 月停测,1946 年 11 月恢复观测(信都二站),1949年8月又停测,1955年6月恢复观测(信都三站),信都一站无资料记载可查,信都二站资料整编情况均不详,信都三站观测资料按规范进行整编,资料质量较高。

信都水文站上游建有龟石水库和合面狮水库,其中龟石水库于1966年3月建成,集水面积1254km²,合面狮水库于1974年10月建成,集水面积6260km²,合面狮水库控制信都站集水面积的98%,且龟石、合面狮水库均具有一定的调节性能,水库的运行调度对信都站的洪水具有一定的滞洪削峰作用。贺江流域相关工程设计均采用受水库工程调节影响下的1974年以后洪水资料,认为其资料一致性较好。本次信都水文站设计洪水计算同样采用1974—2016年实测资料。

经查阅《中国历史大洪水调查资料汇编》(2006年)及贺江流域相关工程报告,信都水文站所在河段调查到的历史大洪水有1908年、1909年、1914年、1915年洪水,精度均为可靠。由于信都水文站2002年实测洪峰流量为7320m³/s,大于1908年、1909年洪水,并且1994年实测洪水洪峰流量5840m³/s与1915年洪峰量级相当,因此,本次信都水文站洪峰流量频率分析时,将2002年、1994年洪水也作为特大值处理。洪水重现期从1908年起算。历史洪水的最大24h、72h洪量根据信都站洪峰—洪量相关关系求得,最大24h洪量与洪峰的相关关系为$W_{24}=7.3567\times Q_{峰}+711.64$,相关系数$R=0.93$;最大72h洪量与洪峰的相关关系为$W_{72}=13.016\times Q_{峰}+2291$,相关系数$R=0.74$。

(3)古榄(南丰)水文站

古榄(南丰)水文站集水面积8273km²,建于1954年5月。2007年下游都平水电站建成后古榄水文站处于库区,水文站上移至南丰镇,设为南丰水文站。南丰水文站集水面积7700 km²。参考江口水电站初步设计报告,本次将南丰水文站2008年以后的资料按面积比的0.53次方转换成古榄水文站资料。

古榄(南丰)水文站流量资料同样受上游龟石、合面狮水库调节作用影响,为保持资料一致性,采用受工程影响下的1974年以后的资料,其中2008—2016年资料按照南丰水文站面积比转换。

经查阅《中国历史大洪水调查资料汇编》(2006年),古榄水文站所在河段调查到的历史大洪水有1915年、1908年、1909年洪水。经分析,最大的1915年洪水小于实测的1994年洪水(洪峰7600m³/s),2002年实测洪水(洪峰5690m³/s)大于1908年、1909年洪水,因此,古榄水文站洪峰频率分析时,将1994年、2002年洪水作为特大值处理,洪水重现期从1908年起算。历史洪水最大24h、72h洪量根据古榄水文站洪峰流量—洪量相关关系求得,最大24h洪量与洪峰的相关关系为$W_{24}=8.2892\times Q_{峰}-1463.8$,相关系数$R=0.97$;最大72h洪量与洪峰的相关关系为$W_{72}=17.483\times Q_{峰}-3631.9$,相关系数$R=0.85$。

(4)东球水文站

东球水文站位于贺州市贺街镇东球村,位于与贺江汇合口上游13km的大宁河上。该站于1957年1月设立为水位站,1958年改为水文站,观测至1994年撤销。测站集水面积

$2284km^2$，观测项目有水位、流量、降雨量等。测站河段顺直，右岸有水草灌木，断面冲淤变化严重，测验均能按规范进行，资料观测连续，资料质量较高。

本次采用东球水文站1958—1993年实测资料复核其设计洪水。经查阅《中国历史大洪水调查资料汇编(2006年)》及贺江流域相关工程报告，贺江东球水文站所在河段调查到的历史大洪水有1908年、1915年、1946年及2002年洪水。1987年实测洪峰流量$2520m^3/s$，大于1908年、2002年历史大洪水，因此将1987年洪水也作为特大值处理，洪水重现期从1908年起算。历史大洪水的最大24h、72h洪量根据东球水文站实测洪峰—洪量相关关系，推求历史大洪水的最大24h、72h洪量。其中，东球水文站年最大24h洪量与洪峰的相关关系为$W_{24}=5.4107\times Q_{峰}+397.8$，相关系数$R=0.93$；年最大72h洪量与洪峰的相关关系为$W_{72}=9.5888\times Q_{峰}+1812.8$，相关系数$R=0.73$。

(5)东安江水库坝址(东安江)

东安江是贺江较大支流，位于贺江右岸，发源于广西苍梧县龟竹顶，流经沙头、石桥、梨埠和木双镇，流入封开县大洲镇汇入贺江，全流域集水面积$2388km^2$，河流全长127km，河流平均坡降0.0005。东安江下游建有东安江电站，电站坝址以上集雨面积$2300km^2$，占东安江集水面积的96.3%，基本能控制东安江洪水。

(6)龟石水库坝址

龟石水库位于广西贺州市钟山县龟石村富江干流上，水库控制流域面积$1254km^2$，占贺州市以上流域面积的51%。龟石水库坝址设计洪水可以以上游富阳水文站为参证站，根据富阳水文站设计洪水成果采用水文比拟法推求，洪峰面积比指数采用0.9。

经查阅《中国历史大洪水调查资料汇编(2006年)》，富阳水文站所在河段调查到的历史大洪水有1915年、1956年洪水。由于富阳水文站2008年的实测洪峰流量为$1010m^3/s$，大于1956年洪水，富阳水文站洪峰流量频率分析时，将2008年洪水作为特大值处理，洪水重现期从1915年起算。

(7)合面狮水库坝址

合面狮水库位于贺江中游，龙会村水口寨，距信都镇10km，坝址控制集雨面积$6260km^2$。在合面狮水库设计阶段，坝址设计洪水以信都水文站1955—1969年实测资料为基础，利用信都水文站、贺街水文站、开建水文站、古榄水文站、封川水文站插补的26年洪峰系列，以及历史洪水调查资料，同时考虑龟石水库滞洪作用和安全保证值。为保持工程设计洪水成果的一致性，合面狮水库坝址设计洪水成果直接采用设计阶段成果。

(8)龟石水库坝址—贺州水文站区间

龟石水库坝址—贺州水文站区间集水面积$1190\ km^2$。将独岭水文站历年发生最大洪水时龟石水库相应的出库洪水过程演算到独岭水文站，得到龟石水库在独岭水文站断面的过程线。该过程线与独岭水文站实测洪水过程相减，得到龟石水库坝址—独岭水文站区间洪水过程线。龟石水库坝址—贺州水文站区间设计洪水依据龟石水库坝址—独岭水文站区间设计洪水，采用水文比拟法推求。洪峰面积比指数采用 0.9，洪量面积比指数采用 1.0。

(9)贺州水文站—合面狮水库坝址区间

贺州水文站—合面狮水库坝址区间集水面积 3816km^2，区间洪水组成主要以大宁河洪水为主，贺州水文站—合面狮水库坝址设计洪水根据东球水文站设计洪水成果采用水文比拟法推求，洪峰流量面积比指数采用 0.90，洪量面积比指数采用 1.0。

2.4.2　计算方法

根据各站实测资料及历史大洪水组成不连续洪峰流量系列，采用不连序系列经验频率公式计算，见式(2-1)与式(2-2)，用最小二乘法计算参数初值，通过经验适线法调整。理论频率曲线采用 P-Ⅲ型，适线时兼顾历史洪水和实测大洪水，并考虑上下游各站参数和本站参数的协调，最终确定参数和设计洪水成果。

在调查考证期 N 年中有特大洪水 a 次，其中 t 次发生在 n 项连序列内，这类不连序洪水系列中各项洪水的经验频率可采用下列数学期望公式计算。

(1)a 个特大洪水的经验频率

$$P_M = \frac{M}{N+1} \quad (M = 1, 2, \cdots, a) \tag{2-1}$$

(2)$n-1$ 个连序洪水的经验频率

$$P_M = \frac{a}{N+1} + \left[1 - \frac{a}{N-1}\right]\frac{M-l}{n-l+1} \quad (M = l+1, \cdots, n) \tag{2-2}$$

式中：N ——历史洪水调查考证期；

a——特大洪水个数；

M ——特大洪水序位；

P_M ——第 M 项特大洪水的经验频率。

2.4.3　设计洪水成果

设计洪水通常需要采用多种方法对比分析，经合理性分析后最终推荐合适的成果。贺江流域已开展《贺江流域综合规划》《广西主要支流贺江整治工程可行性研究报告》《广东省肇庆市江口水电站初步设计报告》《龟石水库综合利用规划》等水利规划和工程设计工作，且成果均已通过水行政主管部门的审批，本书对各站设计洪水成果复核后，与上述成果进行对比分析，考虑到复核的设计洪水成果应用于流域洪水分析及运行调度，从维持设计洪水这一基础性成果一致性的角度，东球水文站、信都水文站、龟石水库坝址设计洪水最终维持原有成果不变，古榄(南丰)水文站设计洪水原成果资料年代较早，未考虑龟石、合面狮水库的调洪影响，尤其是流域性大洪水时水库调度的影响较大，古榄(南丰)水文站设计洪水推荐采用本次计算成果，见表 2-2。

表 2-2 贺江流域干支流各站点(区间)设计洪水成果汇总表

(洪峰:m^3/s;洪量:万 m^3)

站点(断面)	项目	均值	参数		各级频率设计值/(m^3/s)						
			Cv	Cs/Cv	1%	2%	3.33%	5%	10%	20%	50%
东球水文站	洪峰流量	1350	0.5	3.5	3710	3270	2940	2690	2250	1790	1160
	24h 洪量	7800	0.48	3.5	20700	18300	16500	15200	12800	10300	6810
	72h 洪量	14900	0.48	3.5	39500	35000	31600	29000	24400	19700	13000
信都水文站	洪峰流量	2680	0.52	3.5	7580	6640	5980	5440	4530	3560	2280
	24h 洪量	19300	0.51	3.5	53800	47300	42600	38800	32300	25600	16600
	72h 洪量	37600	0.52	3.5	106000	93200	83800	76300	63300	50100	32100
古榄水文站	洪峰流量	2940	0.42	3.5	7030	6320	5780	5340	4590	3800	2650
	24h 洪量	22900	0.43	3.5	55800	49900	45600	42100	36000	29700	20500
	72h 洪量	48100	0.44	3.5	119000	106000	97200	89500	76300	62600	42900
东安江水库坝址	洪峰流量	—	—	—	3651	3286	3024	2793	2407	2003	—
贺州水文站	洪峰流量	1430	—		4230	3700	3300	2990	2460	1920	1200
	24h 洪量	10000			30700	26700	23800	21400	17480	13500	8340
	72h 洪量	19800			61400	53500	47500	42800	34800	26800	16300
龟石水库坝址	洪峰流量	751	—	—	2840	2390	2060	1810	1390	992	548
	24h 洪量	4540	—	—	15300	13000	11400	10200	8050	6000	3360
	72h 洪量	8650	—	—	27100	23300	20600	18400	14900	11300	6880
合面狮水库坝址	洪峰流量	2850	0.40	4.0	6700	6000	5540	5070	4360	3600	2560
	5d 洪量	59500	0.38	3.5	133000	120000	112000	103000	90000	76000	54600
龟石水库坝址—贺州水文站区间	洪峰流量	771	—	—	2110	1865	1682	1535	1283	1023	665
	24h 洪量	4940	—	—	14600	12800	11500	10400	8490	6630	4130
	72h 洪量	9434	—	—	28800	25100	22400	20100	16400	12700	7820
贺州水文站—合面狮水库坝址区间	洪峰流量	2143	—	—	5888	5190	4666	4269	3571	2841	1841
	24h 洪量	12948	—	—	36088	31744	28570	26064	21720	17209	11111
	72h 洪量	25228	—	—	69169	60982	54968	50123	41936	33415	21720

东球水文站、信都水文站计算设计洪水成果与《广西主要支流贺江整治工程可行性研究报告》中的成果相差不大，为维持成果一致性，最终东球水文站、信都水文站、古榄（南丰）水文站设计洪水推荐采用《广西主要支流贺江整治工程可行性研究报告》中的成果。

龟石水库坝址设计洪水与《龟石水库综合利用规划》中的成果相差不大，为维持成果一致性，最终龟石水库坝址设计洪水推荐采用《龟石水库综合利用规划》中的成果。

古榄（南丰）水文站设计洪水成果与《广东省肇庆市江口水电站初步设计报告》中古榄水文站设计成果相差不大，由于江口初设报告采用实测资料系列为1952—1983年，未考虑龟石、合面狮水库对实测资料的影响，以及1983年后发生的1994年、2002年大洪水等未计算在内，因此古榄水文站设计洪水推荐采用本次计算成果。

2.5 设计洪水地区组成

为分析贺江流域设计洪水不同的地区组成对水库工程防洪调度效果的影响，一般需要拟定以若干个不同地区来水为主的计算方案来进行调洪计算。贺江流域暴雨中心主要位于上游大宁河一带及中游信都—古榄区间一带，结合流域主要调洪水库龟石、合面狮水库所处地理位置，研究洪水地区组成时着重考虑以上游和中游来水为主的组成方案。

2.5.1 洪水分区及典型年选择

贺江中上游主要防洪保护对象为贺州市城区以及沿岸钟山县等城镇和农田，其中贺州市城区为重点保护对象。贺州水文站位于贺州市八步大桥附近，可作为贺州市城区的防洪控制断面。贺州城区控制断面以上的洪水由龟石水库和龟石水库坝址—贺州区间洪水两大部分组成。贺州城区断面以上集水面积2444km^2，龟石水库集水面积1254km^2，占贺州城区断面以上集水面积的51.3%；龟石水库—贺州城区断面集水面积1190km^2，占贺州城区断面以上集水面积的48.7%。

贺江中下游（合面狮以下河段）主要防洪保护对象有贺州市八步区、信都镇、铺门镇以及广东省封开县的南丰镇、大玉口镇、都平镇、白垢镇、大洲镇、江口镇等乡镇。贺江中下游河段有信都、古榄（南丰）水文站，但据贺州市、封开县防汛部门介绍，在实际防汛工作中，中下游地区均将合面狮水库出库流量作为防汛预案的判断条件，因此，贺江中下游洪水地区组成分析将合面狮坝址断面作为控制断面。

典型洪水原则上选择能代表不同的暴雨分布和洪水组成的大洪水。根据上游龟石水库出入库资料，独岭、东球水文站实测洪水资料，中下游合面狮水库出入库资料，信都、古榄水文站实测洪水资料以及流域内其他水文、雨量站实测洪水资料分析，选取1994年、2002年和2008年为典型年洪水，其中，1994为全流域大洪水典型年，上下游水文站均测到大洪水；2002年为区间大洪水典型年，暴雨中心在贺江中游，独岭、信都水文站测到大洪水，其中独岭水文站为实测第二大洪水，信都水文站为实测第一大洪水，上游龟石水库和富阳水文站实测为一般洪水；2008年为上游型大洪水，暴雨中心在贺江上游，龟石水库坝址以上较大，中下游地区洪水较小。

2.5.2 设计洪水地区组成

由于暴雨分布不均，各地区洪水来量不同，各干支流来水的组合情况十分复杂，洪水地区组成的研究与断面设计洪水的研究方法不同，必须根据实测资料，结合调查资料，对流域内洪水地区组成的规律进行综合分析。为了研究设计洪水不同的地区组成对防洪的影响，通常需要拟定若干个以不同地区来水为主的计算方案。现行的洪水地区组成的分析常用典型年法和同频率地区组成法。

典型年法是在实测资料中选择几场有代表性、对防洪不利的大洪水作为典型，将设计断面的设计洪量作为控制，按典型年的各区洪量组成的比例计算各区相应的设计洪量。典型年法是工程设计经常采用的方法之一，因其简单、直观，尤其适用于分区较多，组成比较复杂的情况，但因全流域各分区的洪水均采用同一个倍比放大，可能会使局部地区的洪水放大后的频率小于设计频率。

同频率地区组成法是根据防洪要求，指定某一分区出现与下游设计断面同频率的洪量，其余分区的相应洪量按实际典型组成比例分配，一般有以下两种组成方法：

①当下游断面发生频率 P 的洪水 $W_{下p}$ 时，上游断面也发生频率 P 的洪水 $W_{上p}$，而区间为相应的洪水 $W_{区}$，即 $W_{区}=W_{下p}-W_{上p}$。

②当下游断面发生频率 P 的洪水 $W_{下p}$ 时，区间也发生频率 P 的洪水 $W_{区p}$，上游断面为相应的洪水 $W_{上}$，即 $W_{上}=W_{下p}-W_{区p}$；

必须指出，同频率地区组成法适用于某分区的洪水与下游设计断面的相关关系比较好的情况。

本书分别采用典型年法和同频率地区组成法计算主要防洪断面(贺州、合面狮断面)的设计洪水地区组成。

2.5.2.1 典型年法

(1)贺州断面

以贺州水文站为控制断面，以其设计洪峰、最大 1d 和 3d 洪量与典型年洪水过程的洪峰、最大 1d 和 3d 洪量的倍比，放大同一典型年上游龟石坝址的洪水过程。在过程线放大时，原则上是洪峰流量、1d 和 3d 洪量 3 级控制，在对过程线变形修正过程中，当修正的过程线与典型过程相比变形较大时，降低控制级数。以 50 年一遇设计洪水过程线为例，设计洪水过程线放大倍比见表 2-3，放大后设计洪水成果见表 2-4。

(2)合面狮断面

将合面狮坝址洪水作为控制，以其设计洪峰、最大 1d 和 3d 洪量与典型年洪水过程的洪峰、最大 1d 和 3d 洪量的倍比，放大同一典型年上游龟石坝址、贺州水文站的洪水过程。在过程线放大时，原则上是洪峰流量、1d 和 3d 洪量 3 级控制，在对过程线变形修正的过程中，当修正的过程线与典型过程相比变形较大时，降低控制级数。以 50 年一遇设计洪水过程线为例，设计洪水过程线放大倍比见表 2-5，放大后设计洪水成果见表 2-6。

表 2-3 典型年法放大倍比系数成果表(2%,贺州控制断面)

年份	典型洪水			设计洪水			P=2%放大系数(典型年法系数)						控制时段
	洪峰 Q /(m^3/s)	W_1 洪量 /万 m^3	W_3 洪量 /万 m^3	洪峰 Q /(m^3/s)	W_1 洪量 /万 m^3	W_3 洪量 /万 m^3	计算倍比			选用倍比			
							洪峰 Q	W_1 洪量	W_3 洪量	洪峰 Q	W_1 洪量	W_3 洪量	
1994	3368	26080	56067	3700	26700	53500	1.099	1.020	0.894	1.099	1.020	0.894	Q、W_1、W_3
2002	2833	22675	40541	3700	26700	53500	1.306	1.171	1.500	1.306	1.171	1.500	Q、W_1、W_3
2008	2880	20214	38761	3700	26700	53500	1.285	1.323	1.445	1.285	1.323	1.445	Q、W_1、W_3

表 2-4 典型年法放大设计洪水成果表(2%,贺州控制断面)

年份	贺州水文站			龟石坝址		
	Q/(m^3/s)	W_1/万 m^3	W_3/万 m^3	Q(m^3/s)	W_1/万 m^3	W_3/万 m^3
1994	3700	26700	53500	1739	11586	21349
2002	3700	26701	53500	995	5649	12490
2008	3700	26631	53248	3452	18911	31457

表 2-5 典型年法放大系数表(2%,合面狮控制断面)

年份	典型洪水			设计洪水			$P=2\%$放大系数(典型年法系数)						控制时段
	洪峰 Q /(m^3/s)	W_1 洪量 /万 m^3	W_3 洪量 /万 m^3	洪峰 Q /(m^3/s)	W_1 洪量 /万 m^3	W_3 洪量 /万 m^3	计算倍比			选用倍比			
							洪峰 Q	W_1 洪量	W_3 洪量	洪峰 Q	W_1 洪量	W_3 洪量	
1994	6375	47009	98684	6000	46410	91447	0.941	0.990	0.872	0.941	0.990	0.872	Q、W_1、W_3
2002	7267	55619	108030	6000	46410	91447	0.826	0.835	0.859	0.826	0.835	0.859	Q、W_1、W_3
2008	5635	41831	91566	6000	46410	91447	1.065	1.112	0.906	1.065	1.112	0.906	Q、W_1、W_3

表 2-6 典型年法放大设计洪水成果表(2%,合面狮控制断面)

年份	设计成果(2%)								
	合面狮			贺州水文站			龟石坝址		
	Q(m^3/s)	W_1(万 m^3)	W_3(万 m^3)	Q(m^3/s)	W_1(万 m^3)	W_3(万 m^3)	Q(m^3/s)	W_1(万 m^3)	W_3(万 m^3)
1994	6000	45975	91183	3170	25328	51580	1490	11098	20693
2002	6000	46274	91311	2339	18887	34239	629	3968	8070
2008	6000	45856	91212	3067	22177	39031	2861	15772	23634

2.5.2.2 同频率地区组成法

(1)贺州断面

1)贺州龟石坝址同频,区间相应

当贺州水文站发生设计洪水时,龟石坝址也发生同频率设计洪水,龟石坝址—贺州水文站区间发生相应洪水。将龟石坝址典型年各频率的设计洪水过程线,采用马斯京根法演进到贺州断面,与贺州断面的洪水过程相减,推求龟石坝址—贺州水文站区间相应设计洪水过程线,以50年一遇设计洪水过程线为例,区间相应设计洪水成果见表2-7。

表2-7 同频率地区组成法贺州龟石坝址同频,区间相应设计洪水成果(2%,贺州控制断面)

年份	贺州水文站			龟石坝址			区间相应		
	Q /(m^3/s)	W_1 /万 m^3	W_3 /万 m^3	Q /(m^3/s)	W_1 /万 m^3	W_3 /万 m^3	Q /(m^3/s)	W_1 /万 m^3	W_3 /万 m^3
1994	3700	26700	53500	2390	13000	23300	2098	14247	30277
2002	3700	36700	53500	2390	13000	23300	2476	16702	30196
2008	3700	26696	53312	2390	13077	23232	1815	13783	30585

2)贺州区间同频,龟石坝址相应

当贺州水文站发生设计洪水时,龟石坝址—贺州区间也发生同频率设计洪水,龟石水库坝址发生相应洪水。将龟石坝址—贺州区间、贺州站各频率设计洪水过程线,直接相减得到龟石坝址在贺州断面位置的相应设计洪水过程线,并按照马斯京根法正、反演进原理,将龟石坝址在贺州断面的相应洪水过程线反演至龟石水库坝址。以50年一遇设计洪水过程线为例,龟石坝址相应设计洪水峰、量特征值见表2-8。

表2-8 同频率地区组成法贺州区间同频,龟石坝址相应设计洪水成果(2%,贺州控制断面)

年份	贺州水文站			龟石坝址—贺州区间			龟石坝址相应		
	Q /(m^3/s)	W_1 /万 m^3	W_3 /万 m^3	Q /(m^3/s)	W_1 /万 m^3	W_3 /万 m^3	Q /(m^3/s)	W_1 /万 m^3	W_3 /万 m^3
1994	3700	26700	53500	1865	12873	25173	2548	15423	29697
2002	3700	36700	53500	1865	13047	24728	2347	15559	29938
2008	3700	26696	53312	1865	12893	25193	3162	17669	30038

(2)合面狮断面

1)合面狮与贺州、龟石坝址同频,区间相应

当合面狮坝址发生设计洪水时,贺州、龟石坝址也发生同频率设计洪水,贺州—合面狮坝址区间发生相应洪水。将贺州站典型年各频率的设计洪水过程线通过马斯京根法演进到合面狮坝址断面,与合面狮坝址断面的洪水过程相减,推求贺州水文站—合面狮坝址区间相

应设计洪水过程线，区间相应设计洪水成果见表 2-9。

2)合面狮区间同频，贺州龟石坝址相应

当合面狮坝址发生设计洪水时，贺州水文站—合面狮坝址区间也发生同频率设计洪水，贺州水文站发生相应洪水，龟石水库坝址发生贺州水文站相应洪水。将贺州水文站—合面狮坝址区间、合面狮坝址各频率设计洪水过程线直接相减得到贺州水文站在合面狮坝址断面位置的相应设计洪水过程线，并按照马斯京根法正、反演进原理，将贺州水文站在合面狮坝址断面的相应洪水过程线反演至贺州水文站，龟石水库相应洪水根据贺州水文站相应洪水与相应频率设计洪水洪峰、洪量倍比系数放大求得。相关成果见表 2-10。

2.6 小结

本章分析了贺江流域的暴雨天气系统，洪水的时间和空间分布特性；支流大宁河、东安江与贺江干流洪水遭遇情况，贺江与西江干流的洪水遭遇情况，干支流主要站点和断面的设计洪水成果，以及贺州、合面狮断面的设计洪水地区组成，主要得到了以下研究结论。

①贺江流域洪水主要由中、上游大范围暴雨形成，洪水涨水急剧，洪峰流量大，洪峰持续时间短，洪水过程线呈尖瘦型，一次洪水历时一般为 1～3d。流域洪水多发生在 4—7 月。大宁河洪水是形成贺江上游信都水文站断面以上洪水的重要组成部分，信都水文站以上洪水和信都至古榄区间洪水是贺江下游洪水的重要组成部分。支流大宁河、东安江年最大洪水与贺江干流年最大洪水遭遇概率大。贺江年最大洪峰正面遭遇西江洪峰的概率很小，由于贺江洪水过程持续时间短，基本在西江洪水的涨水期与其遭遇。

②根据贺江流域干支流站点分布情况，结合流域暴雨洪水在干支流不同地区的分布情况，重点分析干流贺州水文站、信都水文站、古榄水文站，支流大宁河东球水文站，支流东安江水库坝址，重要水库枢纽龟石、合面狮坝址设计洪水，以及龟石水库坝址—贺州水文站区间、贺州站—合面狮水库坝址区间共 7 个重要断面(枢纽坝址)和 2 个重要区间的设计洪水。贺江上游以贺州城区断面为防洪控制断面，洪水由龟石水库和龟石水库坝址—贺州水文站区间洪水两大部分组成，下游以合面狮水库坝址为防洪控制断面，洪水由贺州站以上洪水及贺州水文站—合面狮水库区间洪水两大部分组成。

表 2-9 同频率地区组成法合面狮水库坝址与贺州水文站、龟石水库坝址同频，区间相应设计洪水成果表(2%，合面狮控制断面)

年份	合面狮水库坝址			贺州水文站			龟石水库坝址			区间相应		
	$Q/(m^3/s)$	W_1/万 m^3	W_3/万 m^3	$Q/(m^3/s)$	W_1/万 m^3	W_3/万 m^3	$Q/(m^3/s)$	W_1/万 m^3	W_3/万 m^3	$Q/(m^3/s)$	W_1/万 m^3	W_3/万 m^3
1994	6000	45975	91183	3700	26700	53500	2390	13000	23300	3299	21257	39104
2002	6000	46274	91311	3700	36700	53500	2390	13000	23300	2983	22707	38543
2008	6000	45856	91212	3700	26696	53312	2390	13077	23232	2520	19280	38227

表 2-10 同频率地区组成法合面狮区间同频，贺州龟石坝址相应设计洪水成果表(2%，合面狮控制断面)

年份	合面狮水库坝址			贺州站—合面狮水库坝址区间			贺州水文站相应			龟石水库坝址相应		
	$Q/(m^3/s)$	W_1/万 m^3	W_3/万 m^3	$Q/(m^3/s)$	W_1/万 m^3	W_3/万 m^3	$Q/(m^3/s)$	W_1/万 m^3	W_3/万 m^3	$Q/(m^3/s)$	W_1/万 m^3	W_3/万 m^3
1994	6000	45975	91183	5190	31744	60982	4328	19995	32989	2796	9988	14438
2002	6000	46274	91311	5190	31744	60982	3236	21395	32094	2090	10743	13844
2008	6000	45856	91212	5190	31744	60982	3803	19416	32673	2456	9713	14389

第 3 章　贺江洪水风险动态评估模型研究

洪水风险评估包含洪水影响和灾害评估，是制定洪水风险调控、抗御措施的重要基础与技术依据，且要求在时效性、准确性、动态性等方面满足风险调控决策、应急管理等工作的实际需求。洪水数值模拟是进行洪水风险分析、损失评估的一个重要手段。针对贺江流域山区性河流的暴雨洪水特征、地形地貌及防洪工程体系布局，本书采用自主开发的贺江流域洪水风险动态评估模型，对不同来源不同量级的洪水方案进行工程调度、洪水演进等全过程的模拟，获得经工程体系调度后的全水文要素的时空分布及洪水淹没信息。本章主要是对贺江洪水风险管控的关键技术手段——贺江流域洪水风险动态评估模型的全面介绍，包括结构设计、率定验证、集成耦合等。此外，洪水防御实际工作对洪水风险评估的时效性、动态性有较高的要求，贺江流域洪水风险动态评估模型能有效建立洪水实时调度决策与洪水实时风险之间的动态反馈和响应。

3.1　贺江洪水风险动态评估模型设计

贺江洪水风险动态评估模型（图 3-1）耦合了水库群联合防洪调度模型、一维水动力学模型与贺江中下游防洪保护区二维水动力学模型以及洪水损失评估模型，从洪水发生、发展过程，风险变化范围和实时灾害损失全过程进行模拟。

其中，水库群联合防洪调度模型主要考虑了龟石、合面狮、都平、白垢、江口等枢纽，重点研究主要防洪工程对洪水的调蓄作用；贺江一维水动力学模型主要考虑了贺江干流合面狮水库坝址以下河段、贺江合面狮水库坝址以下主要支流以及西江梧州至高要段，重点研究上游不同来水条件下贺江沿线洪水位分布；贺江沿岸防洪保护区二维水动力学模型主要考虑了贺江南丰及以下区域等 7 个乡镇，重点研究不同来水情况下贺江沿岸洪水淹没情况；贺江洪水风险动态评估模型，模型范围和贺江沿岸防洪保护区二维水动力学模型研究范围一致，重点研究不同情境下沿岸防洪保护区淹没损失情况。

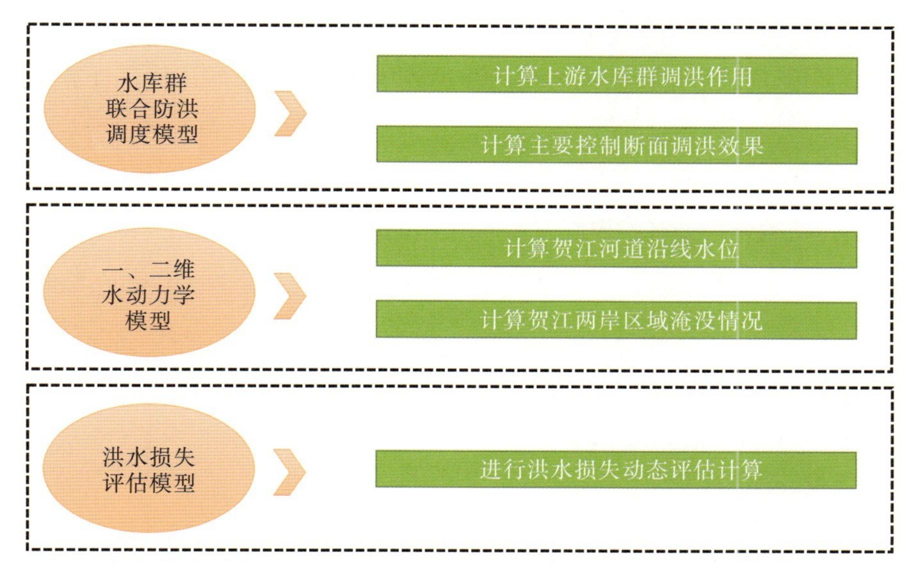

图3-1　贺江洪水风险动态评估模型

3.1.1　水库群联合防洪调度模型

水库群联合防洪调度模型由静库调洪模型、动库调洪模型和马斯京根法洪水演进模型组成，考虑的研究范围主要包括龟石水库、合面狮水库等，其中合面狮水库采用动库调洪模型；贺江干流合面狮以上河段采用马斯京根法计算洪水演进，合面狮以下至江口段采用一维非恒定流数学模型计算洪水演进。

3.1.1.1　静库调洪模型

静库调洪的方程为水量平衡方程：

$$\bar{Q}-\bar{q}=\frac{1}{2}(Q_1+Q_2)-\frac{1}{2}(q_1+q_2)=\frac{V_2-V_1}{\Delta t}=\frac{\Delta V}{\Delta t} \tag{3-1}$$

式中：Q_1，Q_2——计算时段初、末的入库流量（m^3/s）；

$\bar{Q}$——计算时段中的平均入库流量（m^3/s），$\bar{Q}=(Q_1+Q_2)/2$；

q_1，q_2——计算时段初、末的下泄流量（m^3/s）；

$\bar{q}$——计算时段中的平均入库流量（m^3/s），$\bar{q}=(q_1+q_2)/2$；

V_1 与 V_2——计算时段初、末水库的蓄水量（m^3）；

ΔV——V_2 与 V_1 之差；

Δt——计算时段（s）。

在水库洪水调节计算中，q_2 取决于库水位和泄流建筑物的泄流能力。当水库承担下游的防洪任务时，下泄流量 q_2 还受控于水库的调度规则和下游的安全泄量。

3.1.1.2　动库调洪模型

合面狮水库属于河道型水库。水库蓄水运行后，库区的产流、汇流条件及河道水力特性将发生一定程度的变化，采用一维非恒定流数学模型、分散型入库洪水动库调洪法，对库区洪水进行调节计算，能较好地反映库区洪水演进的特性。合面狮水库调洪计算采用一维非恒定流数学模型动库调洪法。

(1)模型原理

一维非恒定流数学模型基本控制方程采用圣维南方程组：

$$\frac{\partial F}{\partial t}+\frac{\partial Q}{\partial x}=q \tag{3-2}$$

$$\frac{\partial u}{\partial t}+u\frac{\partial u}{\partial x}+g\frac{\partial z}{\partial x}=\frac{q(u_{qx}-2u)}{F}-g\frac{u|u|}{C^2R} \tag{3-3}$$

式中：F——过流断面的面积(m^2)；

Q——流量(m^3/s)；

u——断面平均流速(m/s)；

z——水位(m)；

R——水力半径(m)；

t——时间；

x——沿河流的纵坐标(m)；

q——侧向入流(m^3/s)；

u_{qx}——侧向入流平均流速在 x 方向的分速度(m/s)；

g——重力加速度，$g=9.8m^2/s$；

C——谢才系数，$C=\frac{1}{N}R^{1/6}$，其中，N 为糙率。

以 B 表示水面面宽，由 $B=\frac{\partial F}{\partial Z}$，可得：

$$\frac{\partial F}{\partial t}=\frac{\partial F\partial Z}{\partial Z\partial t}=B\frac{\partial Z}{\partial t} \tag{3-4}$$

为了减少滩槽较宽的河段对计算成果带来的影响，对于主槽边滩明显的复式断面，分别计算主槽和边滩流量模数 K，再计算全断面的水力半径，假定主槽和边滩的糙率相同，用下式折算水力半径：

$$R=\left(\frac{K}{F}\right)^{3/2}=\left(\frac{K_{zhu}+K_{bian}}{F}\right)^{3/2}=\left(\frac{F_{zhu}R_{zhu}{}^{2/3}+F_{bian}R_{bian}{}^{2/3}}{F}\right)^{3/2} \tag{3-5}$$

式中：K_{zhu}——主槽的流量模数($m^3/(s\cdot km^2)$)；

F_{zhu}——断面面积(m^2)；

R_{zhu}——水力半径(m)；

K_{bian}——边滩的流量模数($m^3/(s\cdot km^2)$)；

F_{bian}——断面面积(m^2)；

R_{bian}——水力半径(m)。

若不用划分主槽和边滩，按一般水力学方法计算断面的水力半径。当将 Z 及 Q 作为基本未知量，并忽略旁侧入流沿 x 方向的动量变化时，式(3-2)、式(3-3)可改写为：

$$B\frac{\partial Z}{\partial \mathrm{t}}+\frac{\partial Q}{\partial X}=q \tag{3-6}$$

$$\frac{\partial Q}{\partial t}+\left(gF-B\frac{Q^2}{F^2}\right)\frac{\partial Z}{\partial X}+\frac{2Q}{F}\frac{\partial Q}{\partial X}=-g\frac{Q\mid Q\mid N^2}{FR^{4/3}}+\frac{Q^2}{F^2}\frac{\partial F}{\partial X}\mid_Z \tag{3-7}$$

式(3-6)、式(3-7)描述直河段内水流运动方式，对于由直河段组成的河网，需对汊口进行处理。对一个连接 k 条直河段的汊口，其连接方程为：

$$Z_1=Z_2=\cdots=Z_K \tag{3-8}$$

$$\sum_{i=1}^{\mathrm{k}}Q_i=0 \tag{3-9}$$

式(3-6)至式(3-9)组成河网一维非恒定流基本方程。对上述方程组采用有限差分法数值求解，差分格式采用四点加权平均隐格式。由内断面方程及连接方程可组成与未知数相等的拟线性方程组，采用高斯消元法求解。

(2)模型计算断面布置

合面狮水库坝址位于贺江干流上，上游主要支流有大宁河。库区有独岭、东球等水文(位)站。

库区河道主要有大宁河汇入口一个汊口，水库调洪以贺江干流独岭水文站、支流东球水文站为上边界，以合面狮水库坝址为下边界。根据河道特点及计算需要，将库区分为3段，截取56个河道横断面。

(3)入库洪水

合面狮水库库区主要涉及贺江干流和支流大宁河。根据库区回水影响范围及测站分布情况，选择贺江干流独岭和支流大宁河东球站为水库的入库站，两个水文站控制了坝址以上总集水面积的84.7%。各入库站典型洪水过程线采用实测洪水过程线，设计入库洪水过程线通过设计洪水的地区组成法推求。

合面狮水库入库站至坝址无控区间占坝址控制流域面积的15.3%，根据区间各小支流实际注入贺江干流和支流大宁河的情况，按照自然地理特性相似，暴雨洪水特性和产、汇流条件基本一致以及小河流的完整性原则，可将区间划分为湖罗河、滦水河、步头河3块。将独岭、东球两站的洪水过程线分别演进到合面狮并叠加，再用合面狮实测洪水过程线减去叠加的过程，得到区间洪水过程线，再将此区间过程线反演至水库中间，以此作为区间总入流，以3个小区间的面积权重为系数，分别乘以区间总入流得各小区间的流量过程。

3.1.1.3　马斯京根法洪水演进

(1)模型原理

马斯京根法是对单一河段上游洪水进行调蓄得到下游流量的常用计算方法，计算公式为：

$$
\begin{cases}
Q_2 = C_0 I_2 + C_1 I_1 + C_2 Q_1 \\
C_0 = \dfrac{\Delta t/2 - Kx}{K - Kx + \Delta t/2} \\
C_1 = \dfrac{Kx + \Delta t/2}{K - Kx + \Delta t/2} \\
C_2 = \dfrac{K - Kx - \Delta t/2}{K - Kx + \Delta t/2} \\
\sum C_i = 1
\end{cases}
\tag{3-10}
$$

式中：I_1、I_2——时段始、末的河段入流量；

Q_1、Q_2——时段始、末的河段出流量；

K——蓄量常数；

X——流量比重因子；

Δt——计算时间步长。

在河段长度适中的条件下，该方法能取得比较好的效果。用这种方法进行河道汇流计算的主要限制是要求计算时段 Δt 长度接近河段洪水波的传播时间 K，否则在计算中可能出现负值或者发散的情况。因此在演算较长河段洪水演进过程时，可将河段按照洪水波传播时间划分成若干小河段，分段进行演进。

对于有支流的河流，采用“演—合—演”法，在演算时分别将各支流汇入控制点至干流各区间的河段划分为若干演算单元，使单元河段内的流量沿程分布基本上呈线性；然后，采用马斯京根分段连续演算法将各河段的入洪水量过程演算到下游出流断面，得到出流过程；将河流汊点以上各支流演算结果合并，作为干流边界条件，进行干流的演算。

(2)参数的确定

采用马斯京根洪水演进法，将上游洪水过程演进到合面狮入库。贺江中上游河段，分为龟石—贺州、贺州—合面狮两个河道连续演进，演进参数见表 3-1。

表 3-1　　龟石—合面狮河段马斯京根演进参数表

河段名称	n	dt	k	x	C_0	C_1	C_2
龟石—贺州	1	2	4	0.30	−0.053	0.579	0.474
贺州(独岭)—合面狮	1	2	6	0.46	−0.415	0.887	0.528

3.1.2　一、二维水动力学模型

贺江中下游防洪保护区洪水来源主要是贺江洪水、西江洪水顶托及保护区内暴雨洪水，而贺江流域范围较大、河道两岸多为山区，从既满足计算要求，又兼顾计算效率的角度出发，贺江下游防洪保护区洪水分析方法为水力学法，采用贺江与西江河网一维水动力数学模型

与贺江下游防洪保护区二维水动力数学模型相互耦合的一、二维联解水动力学模型计算，其中河道采用一维非恒定流方法，保护区采用二维非恒定流方法进行分析计算；计算区域外的降雨汇流采用水文学方法计算流量过程后作为边界条件输入，计算区域内的降雨产流采用降雨径流模型计算，汇流采用水动力数学模型计算。通过一、二维模型的动态耦合模拟洪水在保护区内的演进过程，得到不同洪水条件下保护区内的淹没水深、最大洪水流速、洪水前锋到达时间等信息。

3.1.2.1　模型结构

(1)一维非恒定流数学模型及其解法

本次采用的一维水流数学模型基本方程为一维非恒定流的圣维南方程组：

$$\frac{\partial F}{\partial t}+\frac{\partial Q}{\partial x}=q \tag{3-11}$$

$$\frac{\partial u}{\partial t}+u\frac{\partial u}{\partial x}+g\frac{\partial z}{\partial x}=\frac{q(u_{qx}-2u)}{F}-g\frac{u|u|}{C^2R} \tag{3-12}$$

式中：F——过流断面的面积(m^2)；

Q——流量(m^3/s)；

u——断面平均流速(m/s)；

z——水位(m)；

R——水力半径(m)；

t——时间；

x——沿河流的纵坐标(m)；

q——侧向入流(m^3/s)；

u_{qx}——侧向入流平均流速在 x 方向的分速度(m/s)；

g——重力加速度 $g=9.8m/s^2$；

C——谢才系数，$C=\frac{1}{N}R^{1/6}$，其中，N 为糙率。

以 B 表示水面宽，由 $B=\frac{\partial F}{\partial Z}$，可得：

$$\frac{\partial F}{\partial t}=\frac{\partial F\partial Z}{\partial Z\partial t}=B\frac{\partial Z}{\partial t}$$

为了减少滩槽较宽河段对计算成果带来的影响，对于主槽边滩明显的复式断面，分别计算主槽和边滩流量模数 K，再计算全断面的水力半径，假定主槽和边滩的糙率相同，用下式折算水力半径：

$$R=\left(\frac{K}{F}\right)^{3/2}=\left(\frac{K_{zhu}+K_{bian}}{F}\right)^{3/2}=\left(\frac{F_{zhu}R_{zhu}^{2/3}+F_{bian}R_{bian}^{2/3}}{F}\right)^{3/2} \tag{3-13}$$

式中：K_{zhu}——主槽的流量模数，$m^3/(s\cdot km^2)$；

F_{zhu}——断面面积，m^2；

R_{zhu}——水力半径，m；

K_{bian}——边滩的流量模数，$m^3/(s \cdot km^2)$；

F_{bian}——断面面积，m^2；

R_{bian}——水力半径，m。

若不用划分主槽和边滩，按一般水力学方法计算断面的水力半径。当用 Z 及 Q 作为基本未知量，并忽略旁侧入流沿 x 方向的动量变化时，式(3-12)、式(3-13)可改写为：

$$B\frac{\partial Z}{\partial t}+\frac{\partial Q}{\partial X}=q \tag{3-14}$$

$$\frac{\partial Q}{\partial t}+\left(gF-B\frac{Q^2}{F^2}\right)\frac{\partial Z}{\partial x}+\frac{2Q}{F}\frac{\partial Q}{\partial X}=-g\frac{Q|Q|N^2}{FR^{4/3}}+\frac{Q^2}{F^2}\frac{\partial F}{\partial x}\bigg|_Z \tag{3-15}$$

式(3-13)、式(3-14)描述直河段内水流运动方式，对由直河段组成的河网，需对河段交汇之处即汊口进行处理。汊口假定该处满足质量守恒和位能守恒，条件如下：

$$Z_1=Z_2=Z_3=\cdots=Z_k\text{（水位方程，连接 }k\text{ 个直河段）} \tag{3-16}$$

$$\sum_{i=1}^{k}(\overline{n_i}\cdot\overline{\tau_i})Q_i=0\text{（流量方程，连接 }k\text{ 个直河段）} \tag{3-17}$$

式中：Z_i、Q_i——汊口所连接直河段断面水位和流量；

$\overline{n_i}$、$\overline{\tau_i}$——汊口所连接直河段断面的单位外法向矢量和河段沿流向单位矢量。

式(3-14)至式(3-17)组成河网一维非恒定流基本方程，对上述方程组采用有限差分法数值求解，差分格式采用四点加权平均隐格式。由内断面方程及连接方程可组成与未知数相等的拟线性方程组。

对上述方程组采用高斯消元法，把位于系数矩阵主对角线以下的元素变为零，并使主对角线元素变为1，然后进行回代，即可求解方程组。

(2)贺江中下游防洪保护区二维水动力学模型

1)控制方程

采用平面二维数学模型来描述贺江沿岸防洪保护区附近的水流运动，其控制方程如下：

①连续方程：

$$\frac{\partial Z}{\partial t}+\frac{\partial uH}{\partial x}+\frac{\partial vH}{\partial y}=0 \tag{3-18}$$

②运动方程：

$$\frac{\partial uH}{\partial t}+\frac{\partial uuH}{\partial x}+\frac{\partial vuH}{\partial y}=-g\frac{n^2\sqrt{u^2+v^2}}{H^{\frac{1}{3}}}u-gH\frac{\partial Z}{\partial x}+\nu_T H(\frac{\partial^2 u}{\partial x^2}+\frac{\partial^2 u}{\partial y^2})$$

$$\frac{\partial vH}{\partial t}+\frac{\partial uvH}{\partial x}+\frac{\partial vvH}{\partial y}=-g\frac{n^2\sqrt{u^2+v^2}}{H^{\frac{1}{3}}}v-gH\frac{\partial Z}{\partial y}+\nu_T H(\frac{\partial^2 v}{\partial x^2}+\frac{\partial^2 v}{\partial y^2}) \tag{3-19}$$

式中：Z，H——水位与水深；

u，v——x，y 方向的流速；

n——糙率系数；

g——重力加速度；

ν_T——扩散系数，$\nu_T = 0.2u_* H$，其中 u_* 为摩阻流速。

2)数值计算方法

水流运动的连续方程与运动方程可用如下通用形式表示：

$$\frac{\partial(H\Phi)}{\partial t}+\frac{\partial(uH\Phi)}{\partial x}+\frac{\partial(vH\Phi)}{\partial y}=\frac{\partial}{\partial x}(\Gamma\frac{\partial H\Phi}{\partial x})+\frac{\partial}{\partial y}(\Gamma\frac{\partial H\Phi}{\partial y})+S \tag{3-20}$$

式中：Φ——通用变量；

Γ——广义扩散系数；

S——源项。

以三角形网格单元为控制体，待求变量存储于控制体中心。采用有限体积法对控制方程进行离散，用基于同位网格的 SIMPLE 算法处理运动方程中水深和流速的耦合关系。离散后的代数方程组为：

$$A_P\varphi_P=\sum_{j=1}^{3}A_{Ej}\varphi_{Ej}+b_0 \tag{3-21}$$

离散方程组由 x 方向的运动方程，y 方向的运动方程与水位修正方程 3 个方程构成，用 Gauss 迭代法求解线性方程组。求解该方程组的迭代步骤如下：

①给全场赋以初始的猜测水位；

②计算运动方程的系数，求解运动方程；

③计算水位修正方程的系数，求解水位修正值，更新水位和流速；

④根据单元残余流量和全场残余流量判断是否收敛，如单元残余流量达到全场残余流量的 0.01%，全场残余流量达到进口流量的 0.5%即认为迭代收敛。

3.1.2.2 模型参数

一维水动力数学模型参数主要包括上游流量边界、下游水位边界、曼宁糙率系数和水工建筑物参数等。根据贺江和西江的主要洪水来源，一维水动力数学模型的上游边界参数主要以南丰水文站和梧州水文站为参照站，下游边界参数主要为高要水文站的水位流量关系。此外，曼宁糙率系数等对一维水动力数学模型的计算结果有较大影响，需通过实测洪水资料对数学模型进行率定和验证。

二维水动力数学模型主要参数包括降雨径流分布点源、曼宁糙率系数、干湿边界参数等。通过在二维水动力数学模型中布置降雨径流分布式点源模拟暴雨洪水。曼宁糙率系数对洪水漫流和洪水传播速度有较大影响。干湿边界主要通过水深界定干、湿单元，简化模型方程和数值方法在干湿边界的处理，避免出现计算震荡和失真。

3.1.2.3 网格剖分

(1)一维模型断面布置

一维数学模型建模范围为贺江干流合面狮以下河段，以及西江梧州至高要河段，涉及河道总长为326.7km。

本次计算基于贺江干流、西江梧州至高要河段2012—2014年大断面资料建立河网文件。计算断面间距尽可能小，使计算结果更加符合实际情况。河道形态变化显著的河段和有工程(桥、闸、坝、堰等)的位置，断面进一步加密(图3-2)。贺江一共布置了158个大断面，断面间距400～2500m，平均断面间距1000m，西江一共布置了45个断面，断面间距2～5km，平均断面间距3.8km。

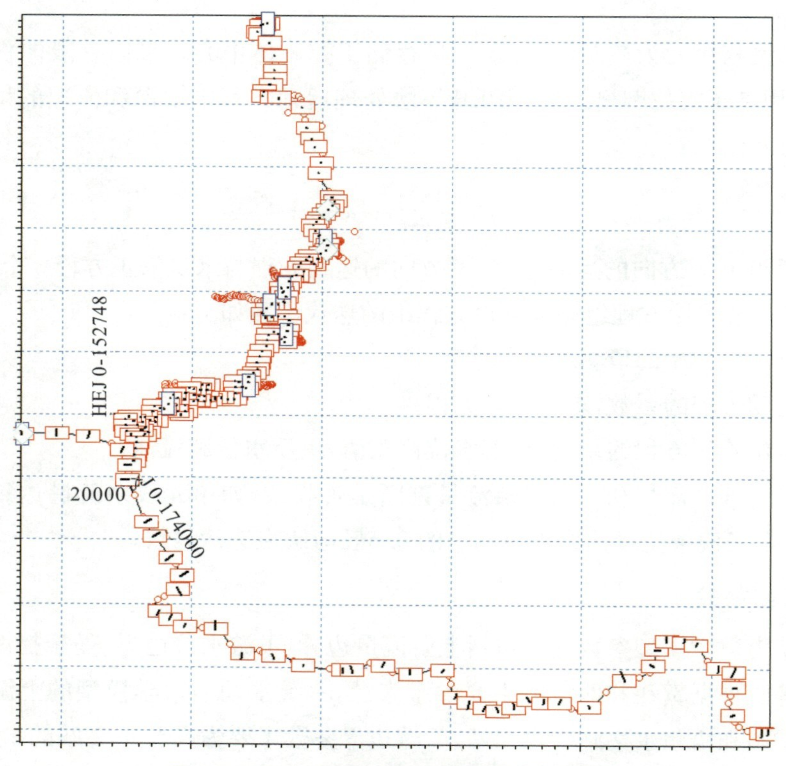

图3-2 洪水分析模型一维河道断面设置图

(2)二维模型网格剖分

考虑贺江下游防洪保护区面积、模拟精度、计算时间及软件性能等因素的限制，本次计算采用的最大网格面积不超过0.025km²，一般网格面积控制在0.001～0.01km²。重要地区、河道、堤防、道路及其他地形变化剧烈的区域，计算网格适当加密。计算区共计剖分网格51123个，最小网格面积为0.002km²，最大网格面积为0.025km²。计算网格布置见图3-3。

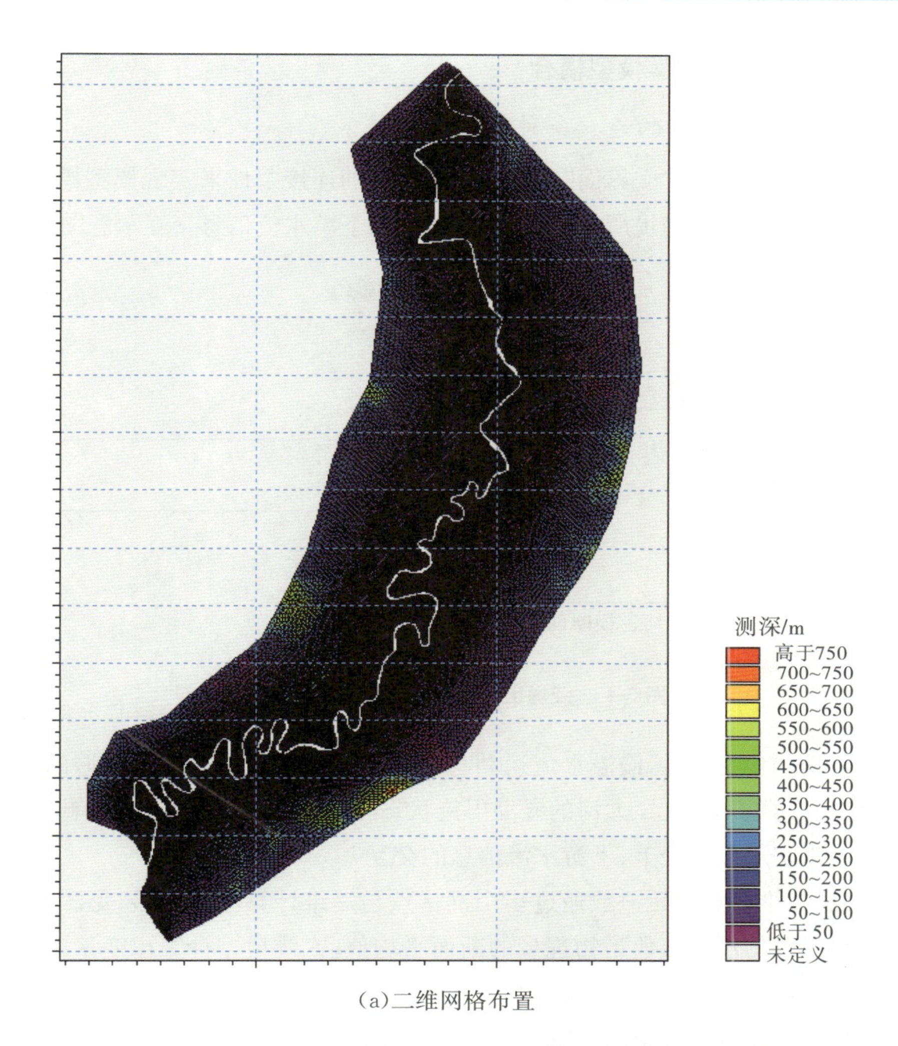

(a)二维网格布置

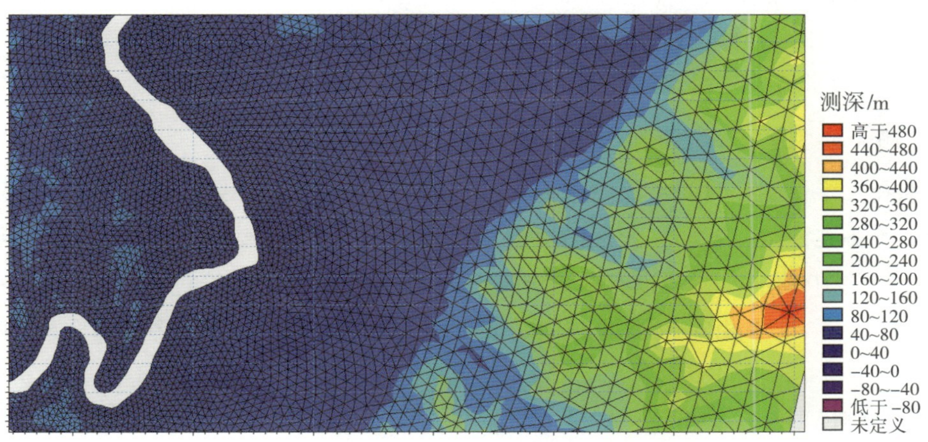

(b)贺江下游防洪保护区二维网格局部放大

图3-3 计算网格布置

3.1.2.4 一、二维水动力学模型耦合

(1)一、二维耦合模型的连接条件

一、二维数学模型通过“交界面”(水流过渡面)上的连接条件来实现模型耦合,洪水分析中的“交界面”指堤防发生漫堤所在的位置。漫堤上、下游水流信息交互示意图见图 3-4。

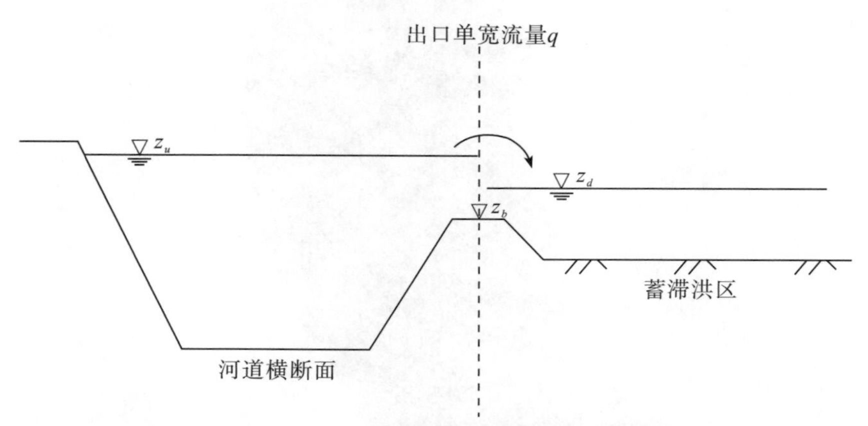

图 3-4 漫堤上、下游水流信息交互示意图

从水流运动的角度上讲,漫溢水流运动与侧堰水流运动非常相似。侧堰的剖面可能是薄壁堰、实用堰或宽顶堰,大江大河的漫溢出流状态与宽顶堰流非常接近,因此,本模型选定宽顶堰流公式来实现漫溢处上、下游水流信息的交互。

在漫溢处,二维计算单元一般通过多个网格点与一维计算单元连接,见图 3-5。由于一维模型计算结果中的水力参数是物理量的断面平均值,二维模型计算出变量的各个网格中心处的节点值,因此在漫溢连接处需要对一、二维模型的交换数据进行转化和衔接。一维模型为二维模型提供流量值 Q 作为二维模型的边界条件,将 Q 值分布到二维计算单元的各节点上;在连接处二维计算网格的水位值并不相等,因此取各个计算网格的平均水位值 Z 返回给一维模型,以进行下一时段的计算。

(2)耦合模型的求解过程

一维和二维模型在时间步长的选取上一般来讲是不同的,二维模型选取的计算时间步长一般小于一维模型。若计算天然河道溃堤水流,有时一维模型与二维模型时间步长的选取甚至会相差 100 倍以上,所以有些耦合模型因此受限制,整个计算过程只能选取一个时间步长,即取一、二维中相对较小的时间步长。这样选取必然会降低整个耦合模型的计算效率。

欲使一维模型和二维模型可以独立选取各自的时间步长,建立的耦合模型在一维和二维交互处,采用数据暂时存储的程序设计,将计算结果放入缓存区,“非实时”地将数据提供给二维模型。这样的框架设计合理,同时模型也变得非常灵活,易于扩展,可以很方便地和其他格式的数学模型进行连接。

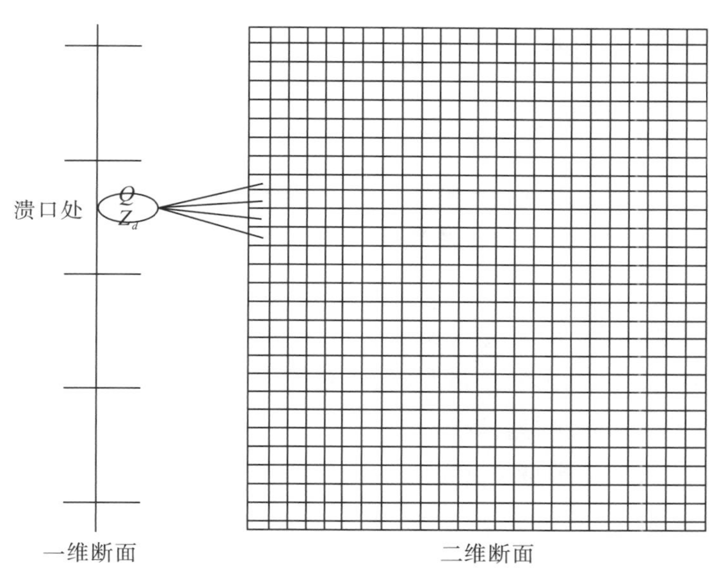

图3-5 漫溢处一、二维数学模型连接点示意图

结合贺江下游防洪保护区及周边地区水文、地形等基础资料情况，洪水风险分析方法采用水力学法，采用一、二维耦合的水动力学模型进行洪水计算，其中河道采用一维非恒定流方法，保护区采用二维非恒定流方法进行分析计算。计算区域外的降雨汇流采用水文学方法计算流量过程后，作为边界条件输入，计算区域内的降雨产流采用降雨径流模型计算，汇流采用水动力数学模型计算。

洪水分析计算中，贺江河网及保护区内的主要河道采用一维非恒定流模型，防洪保护区采用二维非恒定流模型，通过一、二维模型的动态耦合模拟洪水在贺江及保护区内的演进过程，得到不同洪水条件下保护区内的淹没水深、最大洪水流速、洪水前锋到达时间等洪水风险信息。

3.1.3 洪水损失评估模型

洪水影响分析主要包括不同洪水来源、不同量级洪水的淹没范围分析、各级淹没水深区域内社会经济指标的统计分析以及洪灾损失评估等内容，可在一定程度上反映洪水的危害程度。本书通过淹没区平面二维水流洪水演进模型确定不同量级洪水下洪泛区洪灾自然指标（主要是淹没水深、淹没历时）；建立洪灾损失经济指标（主要是损失率）和洪灾自然指标的关系，在此基础上进行洪灾经济损失计算。

（1）模型原理

通过贺江沿岸防洪保护区二维水动力学模型计算分析保护区洪水淹没特征分布图层，将洪水淹没特征分布图层与社会经济指标分布图层进行空间叠加运算，获取洪水影响范围内各级淹没水深、不同行政区的各类社会经济指标统计值。通过交通干线矢量图层与洪水淹没水深图层叠加运算得到受影响的交通干线里程。在受淹地物统计分析的基础上，针对不同洪水来源各量级洪水计算方案，采用洪水损失率法进行淹没区洪灾损失评估分析。

(2)洪水损失率的确定

洪灾损失率估算利用前人调查研究的资料，并借鉴相似地区资料以及防洪保护区的历史洪灾损失资料予以确定。由于贺江流域缺乏相关损失率的研究数据，本书参考中国水利水电科学研究院“洪灾损失评估系统”对各地损失率的前期调研成果，洪灾损失率家庭财产为3%～58%，家庭住房为9%～80%，农业为4%～35%，工业资产为2%～32%，商业资产为5%～35%、铁路为1%～40%、公路为2%～40%，不同的淹没水深取值不同。本次结合贺江下游防洪保护区实际情况综合制定。

根据影响区内各类经济类型和洪灾损失率关系，按下式评估计算洪灾经济损失：

$$D=\sum_{i}\sum_{j}W_{ij}\eta(i,j) \tag{3-22}$$

式中：W_{ij}——评估单元在第 j 级水深的第 i 类财产的价值；

$\eta(i,j)$——第 i 类财产在第 j 级水深条件下的损失率。

在确定了各类承灾体受淹程度、灾前价值之后，根据洪灾损失率关系，即可分类估算洪灾直接经济损失。主要直接经济损失类别的计算方法如下：

1)工商企业洪涝灾损失估算

计算工商企业各类财产损失时，需分别考虑固定资产(厂房、办公、营业用房，生产设备、运输工具等)与流动资产(原材料、成品、半成品及库存物资等)，其计算公式如下：

$$R_{财}=R_1+R_2=\sum_{i=1}^{n}R_{1i}+\sum_{i=1}^{n}R_{2i}=\sum_{i=1}^{n}\sum_{j=1}^{m}\sum_{k=1}^{l}W_{ijk}\eta_{ijk}+\sum_{i=1}^{n}\sum_{j=1}^{m}\sum_{k=1}^{l}B_{ijk}\beta_{ijk} \tag{3-23}$$

企业的产值和主营收入损失指由企业停产停工引起的损失，产值损失主要根据淹没历时、受淹企业分布、企业产值或主营收入统计数据确定。首先从统计年鉴资料推算受影响企业单位时间(时、日)的产值或主营收入，再依据淹没历时确定企业停产停业时间后，进一步推求企业的产值损失。

2)道路交通等损失估算

可根据不同等级道路的受淹长度与单位长度的修复费用进行计算。损失估值可参考国内同类道路每千米造价(不含征地费)以及同类道路的洪灾受损率，见表3-2。

表3-2　交通道路损失值关系　(单位：万元/km)

交通类别	淹没水深/m					
	0.05～0.5	0.5～1	1～1.5	1.5～2.5	2.5～5	≥5.0
四级公路	1	4	13	22	40	40
三级公路	3	11	33	55	100	100
二级公路	6	20	60	100	180	180

续表

交通类别	淹没水深/m					
	0.05～0.5	0.5～1	1～1.5	1.5～2.5	2.5～5	≥5.0
高速公路	60	200	600	1000	1800	1800
铁路	40	150	450	700	1200	1200

注：范围取值包含下限。

3)其他损失估算

其他损失如农林牧渔、家庭资产损失采用损失率乘以灾前原有各类财产的价值进行估算。

4)总经济损失计算

各类财产损失值的计算方法如上所述，各行政区的总损失包括家庭财产、家庭住房、工商企业、农业、基础设施等，各行政区损失累加得出受影响区域的经济总损失。

$$D=\sum_{i=1}^{n}R_i=\sum_{i=1}^{n}\sum_{j=1}^{m}R_{ij} \tag{3-24}$$

根据贺江下游保护区经济社会发展现状，结合历史洪涝灾害损失情况及洪灾损失率随时间空间变化的一般规律，并参考对各地损失率的前期调研成果，建立本次研究区各类承灾体的损失率与淹没水深关系，见表3-3。

表3-3 贺江下游防洪保护区洪灾损失率与淹没水深关系 （单位：%）

淹没水深/m	家庭财产	家庭住房	农业	工业资产	商业资产	铁路	省道以上公路	省道以下公路
0.05～0.5	1	1	10	4	5	4	3	5
0.5～1.0	3	2	20	10	15	8	10	12
1.0～2.0	7	6	35	25	25	24	27	30
2.0～3.0	10	8	40	32	30	32	36	39
≥3.0	14	12	45	38	35	38	42	45

注：范围取值包含下限。

3.2 一维、二维水动力学模型的率定与验证

3.2.1 一维水流数学模型率定与验证

本次模型采用2013年8月洪水进行洪水河道糙率的率定，采用2002年7月洪水进行验证，其成果见表3-4和图3-6、图3-7。

表 3-4　　洪水最高水位模型率定成果　　(单位:m)

水文组合	2002 年 7 月洪水			2013 年 8 月洪水		
	实测值	计算值	误差	实测值	计算值	误差
南丰				40.52	40.52	0.00
都平电站上游				35.27	35.29	0.02
古榄	35.53	35.46	−0.07	31.08	31.07	−0.01
梧州	22.75	22.72	−0.03	18.43	18.35	−0.08

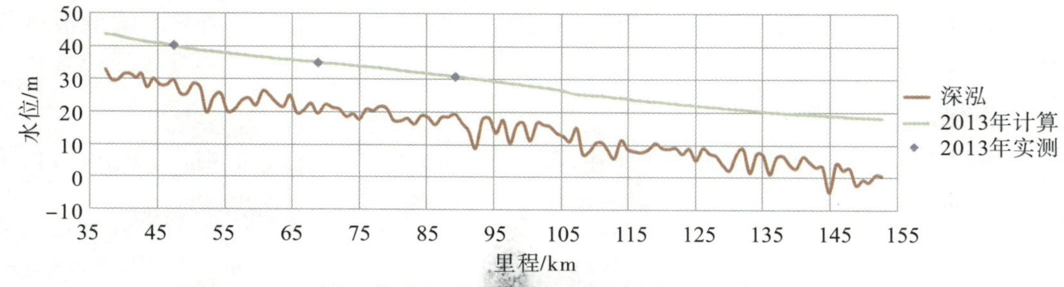

图 3-6　2013 年 8 月南丰、都平电站、古榄站实测水位与计算水位对比

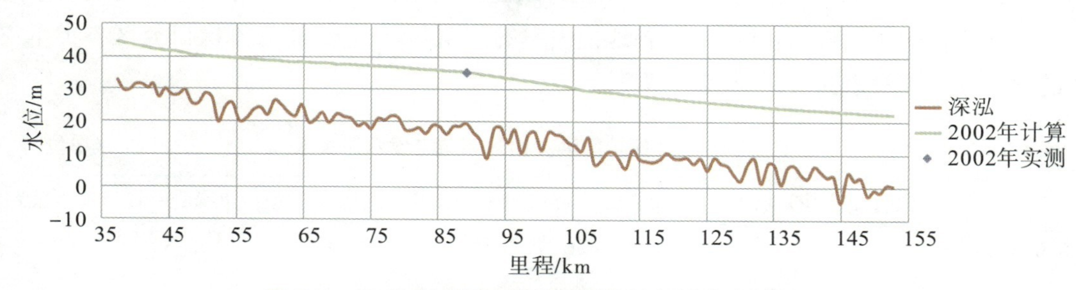

图 3-7　2002 年 7 月古榄站实测水位与计算水位对比

2002 年 7 月洪水为信都水文站实测历史最大洪水,信都站洪峰流量 7320m³/s,接近 100 年一遇,信都水文站最高水位 55.08m(国家 85 高程,下同),古榄水文站洪峰流量 5690m³/s,最高水位 35.53m,洪水期间西江梧州水文站最大流量 34100m³/s,最高水位 22.75m。

2013 年 8 月洪水南丰水文站洪峰流量 5120m³/s,最高水位 40.52m,洪水期间都平电站闸门全开,上游最高水位 35.27m,下游古榄水文站最高水位 31.08m,洪水期间西江梧州水文站最大流量 23800m³/s,最高水位 18.35m。

从率定和验证成果看,南丰、古榄、梧州、高要最高水位误差小于 10cm,基本满足规程要求的模型精度要求。

3.2.2　保护区二维水流模型

3.2.2.1　动边界处理

由于模拟的区域处于干湿边交替区,为了避免模型计算出现不稳定性,需设置 Flood

and Dry 选项，采用“干湿判别”来确定计算区域由水位变化产生的动边界。

处理干湿动边界的方法基于赵棣华(1994)和 Sleigh(1998)的处理方式。当网格单元上的水深变浅，但尚未处于露滩状态时，相应的水动力计算采用特殊处理，即该网格单元上的动量通量设置为 0，只考虑质量通量；当网格上的水深变浅至露滩状态时，计算中将忽略该网格单元直至其被重新淹没为止。

模型计算过程中，每一计算时间步长均对所有网格单元进行水深检测，并依照干单元、半干半湿单元和湿单元 3 种类型进行分类，且同时检测每个单元的邻边以找出水边线的位置。淹没边界判定条件为：首先，单元的一边水深必须小于干水深，而另一边水深必须大于淹没水深；其次，水深小于干水深的网格单元的静水深加上另一单元表面高程水位必须大于 0。

单元“干湿判别”原则如下。

①干单元：单元中的水深小于干水深，且该单元 3 个边界中没有淹没边界。被定义为干的单元在计算中会被忽略。

②半干单元：单元水深介于干水深和湿水深之间，或虽然水深小于干水深但有一个边界是淹没边界。此时动量通量被设定为 0，只有质量通量会被计算。

③湿单元：单元水深大于湿水深。此时动量通量和质量通量都会在计算中被考虑。

模型中须指定一个干水深、淹没深度和湿水深。在本次计算中，以上水深分别设定为 0.005m、0.05m、0.1m。

3.2.2.2　时间步长

MIKE21 中需指定模拟起止时间，主时间步长(Time Step Interval)。该步长并非真正的计算时间步长，它是用来定义输出的频率，协调不同模块之间的信息交换。在满足模型稳定的前提下，水动力模块(Hydrodynamic)、对流扩散模块(Advection-dispersion)、波谱模块(Spectral Waves)可以基于主时间步长对局部时间步长进行调整。在本次计算中，主时间步长取 60s。

主时间步长和各模块所使用的局部时间步长关系见图 3-8。

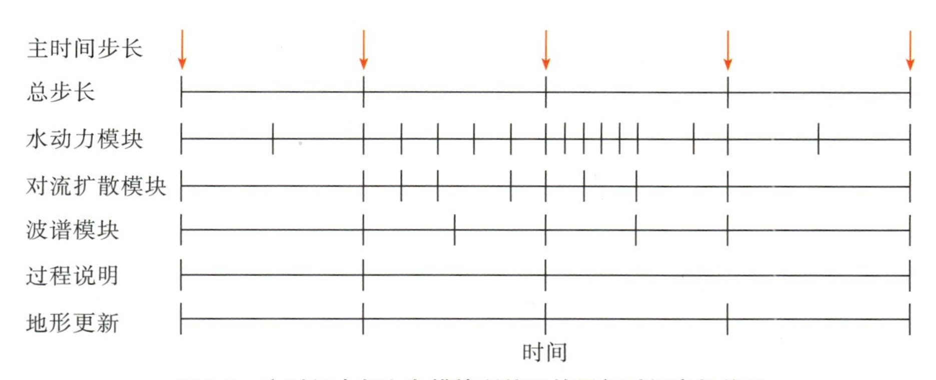

图 3-8　主时间步长和各模块所使用的局部时间步长关系

模型的计算时间和精确性取决于数值方法所使用的格式精度。模型计算可以使用低阶或高阶的方法。低阶方法为一阶精度，计算快但计算结果精度稍差；高阶方法为二阶精度，计算精度高但速度较慢。

浅水方程的时间积分和传输方程采用显式法，为了保证模型的稳定，时间间隔的选定必须使 CFL 小于 1。一个可变的时间步长用于测试所有网格节点的 CFL 数是否满足这一限制，用户需指定一个最大时间步长与最小时间步长。该步长的设置要基于主时间步长。

CFL（Courant-Friedrich Levy）是一个与模型稳定性有关的数值，理论上如果 $CFL<1$，模型便可以稳定运行。对于笛卡尔坐标下的浅水方程式，定义为：

$$CFL_{HD}=(\sqrt{gh}+|u|)\frac{\Delta t}{\Delta x}+(\sqrt{gh}+|v|)\frac{\Delta t}{\Delta y} \tag{3-22}$$

式中：h——总水深；

u 和 v——流速在 x 和 y 方向的分量；

g——重力加速度；

Δx 和 Δy——x 和 y 方向的特征长度；

Δt——时间间距。

本次模型计算中，时间积分和空间离散一般选择为高阶精度。最大、最小时间步长分别设置为 10～60s、0.01～0.1s，临界 CFL 取 0.8。

3.3 模型集成与耦合

水流数值模拟领域里有众多的水文模型，这些模型在尺度与维数、时空特点、模拟的物理量、数据处理机制、模型的开发语言及环境等方面存在差异，导致模型之间无法实现数据交互与有效连接。因此，传统的模型集成方式不适用于水环境领域的模型集成。为解决此问题，欧盟水框架委员会建立了开放式模型接口（Open Modeling Interface，简称 OpenMI）。该标准接口适用于以时间序列为基础的模型，规定了各模型在运算时各个模型交互数据应当遵循的规范（包括单位、尺度、时空描述和操作等），并确定了数据的接口形式。该标准接口提供了模型集成的连接机制，用于解决模型数据交互方面的难题，从而实现了模型间的相互连接。利用 OpenMI 能方便地对已有模型进行改造和移植，增加了对已有模型的复用机会，减少了模型耦合所需的代码重建代价，对于模型集成有重要的意义。本书基于 OpenMI 进行多个模型的集成与耦合。

3.3.1 工作原理

OpenMI 接口标准是水环境领域里模型软件计算引擎之间的接口协议，接入此标准接口的模型计算引擎不需要经过二次开发即可实现与其他模型耦合，OpenMI 的工作原理见图 3-9。

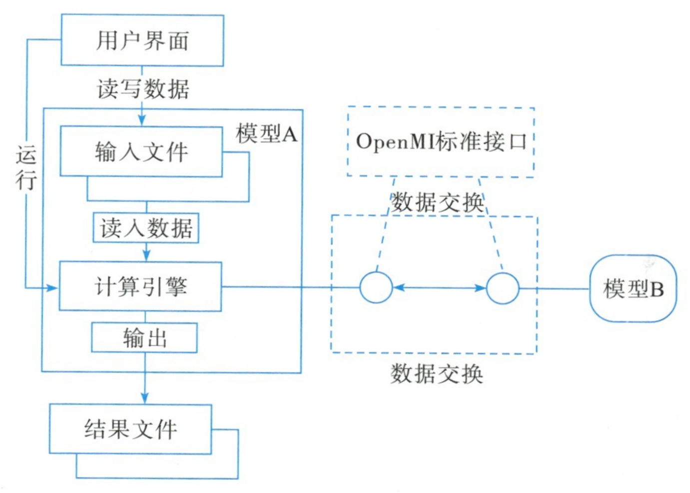

图 3-9　OpenMI 的工作原理

假如两个模型 A 与 B 的计算引擎都接入了 OpenMI 标准接口协议，则模型 A 在运行时可以通过指定的接口共享模型 B 的数据，真正实现模型在运行时完成数据交互，达到动态链接的目的。

OpenMI 标准接口在交互数据描述和传递机制方面研究较为深入，涉及的模型数据交换实现的主要技术如下。

(1)交互数据的描述

模型在运行时若想实现数据交互，必须定义好交互数据内容、交互数据位置以及交互时间，主要包括 3 个方面：

1)是什么(what)

模型必须定义交互数据的物理量、数值类型(Value Type)、标示符(ID)、单位(Unit)等，如果交互的数据单位不同，需要经过转换才能互相调用。

2)在哪里(where)

数据值在何地通过 Elementset 类来表示，包含了有序要素集，每一要素可以通过节点序号或者具有坐标的地理位置来表示。

3)在什么时间(when)

数据类型是 Itime，采用改进后的儒略日(Julian)日期格式来表示时间，可以是瞬时值或者是时间周期。

(2)数据传递格式定义

一般情况下，一个或多个 OpenMI 标准组件的软件应用系统组成一个 OpenMI 系统，通过标准接口，该系统可以连接与 OpenMI 标准接口兼容的模型，因此，OpenMI 系统须具备 3 个方面的功能和信息：①系统必须清楚在哪里可以找到连接的组件；②系统必须知道连接组件之间存在何种连接；③系统必须能够实例化，且能分发并运行连接的组件。

(3)交互数据传递机制

OpenMI 中通过“请求响应”机制的方式实现数据传递，因此采用 OpenMI 接口标准后，模型根据需要能够实时转换为能响应不同问题的组件或对象，通过执行有关属性和方法，组件之间可以建立有效的连接。对已存在的模型，通过嵌入标准引擎代码实现，新模型或代码能直接作为方法接口组件开发。

为实现数据交换，采用请求响应机制连接组件，请求输入模型需要在固定位置或时间给出要素变量集，源模型需要计算后给出并返回变量集，这一机制具体的解释如下：

将多个组件连接形成复杂的相互连接的组件集，在每个连接中，组件之间数据传递通过制定输入点来实现。通过组件交叉连接获取输出数据或模型计算后的结果，并使之成为模型的输入数据或者边界条件。OpenMI 能使模型引擎计算和交换数据在自身的时间步长内完成，而不需要外部机制来控制。首先，在组件设计阶段预定义组件接口的“请求项”和“响应项”。然后，组件运行阶段，在每个时间步长内，组件的输入输出项按照预定义的“请求项”和“响应项”进行数据交换，交换数据时通过设置防死锁判断组件是否已完成计算，若已完成则进行数据交互，若未完成则等待计算完成后再交互数据。

3.3.2 基于 OpenMI 技术的模型耦合与集成

在贺江洪水风险分析计算中，每一个计算时间步长内，水库群防洪调度模型为一维水动力学模型提供上游边界，一维水动力学模型为二维水动力学模型提供计算边界，二维水动力学模型为洪水风险动态评估模型提供计算边界。这种基于时间序列的数据请求符合 OpenMI 的设计理念，因此可以采用该技术进行模型耦合。基于 OpenMI 模型技术对贺江水库群防洪调度模型、贺江一维和二维水动力学模型以及贺江洪水风险动态评估进行集成与耦合。具体实现步骤如下。

①编译计算引擎代码为动态链接库；

②创建基于 OpenMI 标准的 dllAccess 类，调用①生成的动态链接库相关函数，使之成为 .net 平台下的程序集；

③创建计算模型 wrapper 类，引用 dllAccess 类，继承和实现 IengAccess 接口；

④创建继承 LinkableEngine 类的 MylinkableEngine 类，MylinkableEngine 类中定义和使用计算模型 wrapper 类的私有变量，由于 LinkableEngine 类集成了 IlinkableComponent 接口，MylinkableEngine 类成为符合 OpenMI 标准的可连接的模型组件。

改造代码示例见图 3-10。

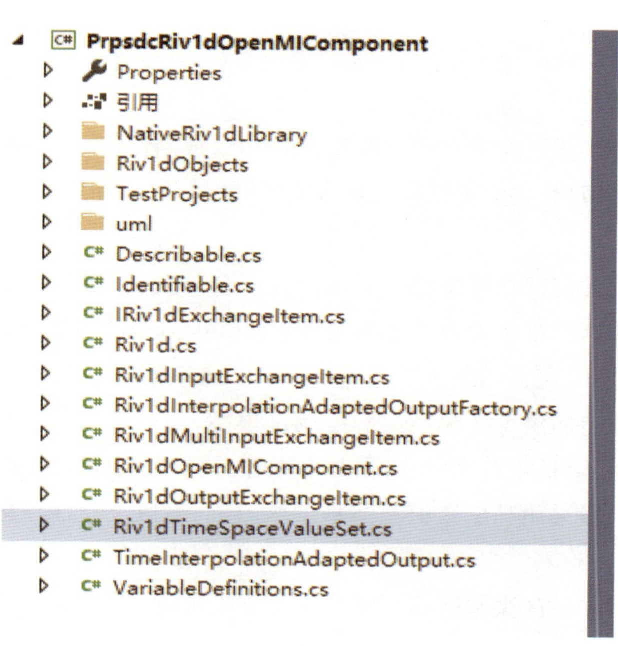

图 3-10 改造代码示例

3.4 贺江洪水实时调度决策与动态响应机制

常规的防洪调度模型与方法计算时往往只能考虑一个或者几个控制断面的调度需求，难以有效应对上下游断面间水力联系的复杂性，特别是对于区间有多个防洪对象的情况，在下游断面实时防洪状态与上游水库群调度决策之间未建立起有效的互馈机制，导致随机来水情景下各水库预留防洪库容大小、拦蓄时机与使用次序难以有效确定，难以合理协调区域防洪和整体防洪安全的问题。结合贺江流域十几年防洪调度实践，本书提出了考虑水库调蓄对上下断面水力联系影响的多断面洪水同步预报、洪涝风险评估和水库群防洪调度耦合的动态决策机制。在实时洪水调度决策中，具体步骤如下。

①结合贺江流域洪水特性，选择不同量级、不同洪水组成的场次洪水，基于本书构建的贺江一、二维水动力学，洪水损失评估模型进行计算分析，形成不同情境下洪水淹没要素集。

②基于贺江洪水淹没要素库，预测断面前一时段流量和水位、上游干支流断面前期若干时段和当前时段的流量和水位、下游断面前一时段流量和水位、设置为模型的输入因子集 X 以及淹没风险集 Y，构造交互效应回归模型的训练和测试样本集。在此基础上，建立水库调度、淹没风险预报模型。

③将上述得到的预报模型嵌套进水库防洪调度模型中。该模型在下游断面实时防洪状态与上游水库群调度决策之间建立了一种动态响应的互馈机制，可以根据当前时段水库调蓄前各断面的预报水位流量信息以及各水库的水位和入库流量信息，对当前时段末水库水位或者当前时段下泄流量进行实时决策。

3.5 小结

本章介绍了贺江洪水风险动态评估模型的结构组成，各模型的解析方法、范围、边界条件选取及率定验证等情况，并解析了贺江洪水实时调度决策与动态响应机制的工作原理，得出的主要结论如下。

①贺江洪水风险动态评估模型耦合了水库群联合防洪调度模块、一维河道水动力学与贺江中下游防洪保护区二维水动力学模块以及贺江洪水损失评估模块，从洪水发生、发展过程、风险变化范围到实时灾害损失全过程进行洪水模拟和风险评估。

②贺江水库群联合防洪调度模型由静库调洪模型、动库调洪模型和马斯京根法洪水演进模型组成，研究范围包括龟石水库、合面狮水库等，其中合面狮水库采用动库调洪模型；贺江干流合面狮以上河段采用马斯京根法演进洪水，合面狮以下至江口段采用一维非恒定流数学模型演进洪水。

③贺江下游防洪保护区洪水影响采用贺江及西江河网一维水动力数学模型与贺江下游防洪保护区二维水动力数学模型相互耦合的一、二维联解水动力学模型计算。一维非恒定流模型计算范围是贺江河网及保护区内的主要河道，二维非恒定流模型范围是下游防洪保护区，通过一、二维模型的动态耦合模拟洪水在贺江及保护区内的演进过程，得到不同洪水条件下保护区内的淹没水深、最大洪水流速、洪水前锋到达时间等洪水风险信息。

④为满足洪水风险调控决策、应急管理等工作的时效性、准确性和动态性等方面的要求，本书提出了考虑水库调蓄对上下断面水力联系影响的多断面洪水同步预报、洪涝风险评估和水库群防洪调度耦合的动态决策机制，在下游断面实时防洪状态与上游库群调度决策之间建立起有效的互馈。

第 4 章　贺江流域洪水风险评估

洪水风险分析包括风险识别、影响分析和损失评估，为洪水风险管理提供有效的方法和手段，是一项重要的基础性工作，分析计算一般利用水文、水力学方法对洪水发生、发展运动规律进行模拟计算，识别主要风险要素，进而统计其影响和损失。洪水灾害是贺江流域地区的主要自然灾害，导致沿江城镇和农村及大面积农田受淹、河岸崩塌、冲刷严重，其中流域下游广东省封开县沿江两岸城镇洪涝灾害尤为严重，沿岸城镇防洪压力大。本章内容聚焦贺江洪水风险分析计算，技术手段采用第 3 章的风险评估模型，分析内容包括全面的基础资料收集、整理和分析以及现场查勘与调研，在此基础上采用数值模型方法进行不同洪源、不同量级的洪水计算，识别主要风险要素，在此基础上结合流域经济社会情况进行洪水淹没范围和指标的统计分析，建立损失率关系进行风险区损失评估等。

4.1　研究范围及概况

贺江流域上游地势陡峻，多分布峡谷，中下游地势则相对平坦开阔，分布着 300 多平方千米的贺街平原及信都平原。贺江洪水经上游龟石、合面狮水库调节影响后，进入下游防洪保护区所在河段。下游防洪保护区由于地势相对平坦，堤防工程设防标准低，受西江干流洪水顶托影响时，往往造成洪涝灾害，因此，洪水风险研究的范围主要聚焦下游防洪保护区。贺江下游防洪保护区，自广东、广西省（自治区）交界至贺江出口，干流河长 120km，流域面积 $2298km^2$，主要保护对象为广东省封开县境内的大玉口、南丰、都平、渔涝、白垢、大洲、江口 7 镇。

洪水风险计算的范围为贺江干流广东、广西省（自治区）交界至贺江出口两岸保护区，主要为贺江干流两岸大玉口、南丰、都平、渔涝、白垢、大洲、江口镇区和村庄，计算区域面积 $610km^2$。

贺江下游防洪保护区地形呈东北—西南斜长形分布，山峦起伏连绵，属典型的丘陵地带；地势大体为东西两侧高，东部多高山峻岭，中、下游部分地势平坦开阔，贺江自东北向西南穿越保护区，区内分布有大玉口河、大玉口涌、渔涝河、莲都河、东安江等支流，保护区内贺江沿岸及支流堤防防护标准低，甚至无防护。

4.1.1 社会经济

根据统计,贺江下游防洪保护区常住人口 24.53 万,耕地 16.43 万亩,全镇 GDP 为 26.04 亿元(2020 年统计数据)。

(1)大玉口镇

大玉口镇全镇总面积 129km^2,全镇总人口 16914 人。全镇有山林面积 15 万亩,以松、杉、薪炭林 3 种林种结构为主,林木总蓄积量 25 万 m^3,年产木材 6000m^3,松脂 600t。全镇国内生产总值 24522 万元,农业总产值 21680 万元,工业总产值 3650 万元。

(2)南丰镇

南丰镇是两广 3 县 7 镇以及贺江两岸商贸集散地,又是广东省中心镇之一。镇城区主次街道 16 条,总面积 5.68 km^2,全镇常住人口 94997 人。南丰市场产品零售额年超亿元,现有 3200 多家工商企业;同时,该镇坚持以“农业增效,农民增收,农村稳定”为目标,大力调整农村产业结构,发展“三高”农业。努力打造南丰优质谷、砂糖橘、沙田柚、番石榴、蔬菜等特色品牌农业,全镇 95%水田插植优质稻,年产优质谷 4 万多吨,是肇庆市重要的商品粮基地。

(3)都平镇

都平镇有山林面积 16.39 万亩,耕地面积 4952 亩,水田 4490 亩,住户 2454 户,全镇常住人口 14420 人。粮食种植面积达 1200 亩,农业科技的推广和应用得到进一步推进,水果、蔬菜、水稻、玉米等优良品种的种植率达 80%以上。

(4)渔涝镇

渔涝镇全镇总面积 118 km^2,有山地面积 11.23 万亩,耕地面积 1.59 万亩。全镇共有 5451 户,总人口 21251 人。全镇农业总产值为 26347 万元,工业总产值为 12630 万元。

(5)白垢镇

白垢镇有耕地面积 12494 亩,山地面积 172659 亩,水域面积 9599 亩,辖 8 个村委会、1 个居委会,全镇常住人口 15177 人,林业和水力资源丰富。白垢镇气候温和、土地肥沃、光热资源丰富,农业生产布局初步形成了水果、水稻、水产、甘蔗、松脂、蚕桑、竹木、肉桂等 8 大生产基地,农副产品尤以砂糖橘、贡柑、红菇、麒麟山茶、鱼仔干、河鲜称著,特别是白垢砂糖橘、贺江鱼在县内外有较高的知名度。

(6)大洲镇

大洲镇总面积 161 km^2,常住人口 17997 人,耕地面积 12640 亩(其中水田 6320 亩),主要种水稻、花生、甘蔗等,镇内矿产、水力、旅游、林业等资源十分丰富。

(7)江口镇

江口镇全镇总面积180.04km^2,辖10个村和5个社区,常住人口64578人,其中农业人口1.8万,有耕地面积1.36万亩,山地共19万亩。工农业总产值30250万元。

4.1.2 防洪工程

流域防洪工程体系是抵御洪涝灾害威胁、保障防洪安全的第一道防线。贺江下游防洪保护区内的防洪工程以堤防工程为主,但防洪标准低,部分区域甚至未设防。

(1)南丰镇

南丰镇镇区目前处于未设防状态,南丰镇最低处洪水36.2m(珠基)时开始上街,上游建有且止堤,主要保护对象为且止村。

(2)大玉口镇

大玉口镇位于都平电站库区,地势较高,合面狮泄流达到4800m^3/s,南丰水位达到40m时,大玉口镇洪水才会上街。

(3)都平镇

都平镇现状无防洪工程措施,都平主镇区街道最低32m(珠基),房屋最低30.5m,都平、白垢梯级敞泄时,主镇区30.5m(珠基)对应的合面狮流量为3600m^3/s。

(4)白垢镇

白垢镇政府处地势高,不受洪水影响,但镇区有13个街区受洪水影响,现状基本未设防。白垢镇防洪控制水位以合面狮流量和江口水位为判断条件:合面狮泄流2500m^3/s,江口水位达到20m(珠基)。合面狮水库泄流2500m^3/s时,寿山村开始进水。

(5)大洲镇

大洲镇现状主要已建文高、百吉、大播、大洲口、足食、西畔、东岸、莫婆口、下峡蛇等堤防,已建堤防多为村民自建堤防,防护标准低。全镇堤防合计6660m,堤顶高程为23~24m,保护人口140人,捍卫水田1300亩,经济作物305亩。大洲镇洪灾多由西江洪水顶托导致,因此防洪主要看江口实时水位,西江发生5年一遇洪水时,大洲镇洪水开始上街,江口相应水位为21.65m(珠基)。

(6)江口镇

江口镇为封开县城区所在地,镇区警戒水位17.0m(珠基),贺江右岸为老城区,没有堤防,上街水位为18.0m(珠基)。贺江左岸为封开县新城区,沿岸建有滨江堤,堤防总长8.45km,堤防达到50年一遇设计标准,堤顶高程为26.79~26.49m。江口镇沿岸乡村已建堤防主要有宝鸭圹、扶来、勒竹口、台垌、花圹、古芒等堤防,合计5002m,堤顶高程为23~

25m，多为村民自建堤防，防护标准低。

此外，贺江干流及主要支流沿岸共有涵闸18座，均为小型水闸。机电排水站93站，排涝面积1.5万亩，但受当时条件限制，多数未按标准装机，且机具老化，效率降低，加上机电设备损坏，管理不善，有些排涝站的配电设备被盗，现在仅有水口、曙光、大塘桥和半月冲4个电排站发挥效益，其余已基本作废。

贺江下游防洪保护区内主要道路有321国道、266省道和乡村公路，保护区内有大量房屋建筑。

4.2 洪源分析及量级确定

贺江流域下游防洪保护区可能的威胁洪源包括贺江上游洪水、区域内暴雨以及西江下游洪水的顶托，这3种洪水来源还存在遭遇的可能，其中，贺江干流发生洪水时，可能遭遇区域暴雨、贺江支流洪水及西江干流洪水顶托；西江干流发生洪水时，可能遭遇贺江干、支流洪水及区域暴雨洪水；贺江保护区内发生暴雨洪水时，可能遭遇贺江洪水，西江干流洪水顶托。本节在分析3种洪源分别对区域洪水风险的影响程度的基础上，确定不同洪源的水文组合和量级，为洪水风险分析数值模拟计算提供水文边界。

4.2.1 不同洪源对区域洪水风险的影响程度分析

(1)贺江上游洪水

根据实测资料统计，古榄水文站实测最大洪峰流量为7600m³/s(1994年7月)，信都水文站实测最大洪峰流量为7320m³/s(2002年7月)。根据历史调查和实测资料，流域各站点历史调查和实测大洪水成果见表4-1。

表4-1 贺江流域历史调查和实测大洪水成果

站名	历史洪水	量级	实测大洪水	量级
富阳	1915年(1700m³/s)	超500年一遇	2008年(1010m³/s)	接近50年一遇
	1956年(830m³/s)	20～30年一遇		
信都(三)	1908年(6430m³/s)	接近50年一遇	1994年(5840m³/s)	接近30年一遇
	1909年(6000m³/s)	稍大于30年一遇	2002年(7320m³/s)	接近100年一遇
古榄	1915年(6370m³/s)	约50年一遇	1994年(7600m³/s)	接近200年一遇
	1908年(5420m³/s)	20～30年一遇	2002年(5690m³/s)	20～30年一遇
	1909年(5120m³/s)	10～20年一遇		

从文献记载统计，贺江洪水历史上多次发生洪涝灾害。1994年7月贺江全流域发生大洪水，洪水暴涨，古榄水文站洪峰流量达7600m³/s，为历史最大，7月24日15时，南丰镇水

位41.53m(珠基),为历史罕见。沿贺江11个镇86个管理区1370余个自然村的16.8万人受灾,倒塌房屋5.72万间(土砖房),11.7万人被洪水围困;淹浸未收割水稻1.2万亩、晚稻直播秧苗3.55万亩,淹没公路56km,通信电缆303km,刮倒输电线27条,造成直接经济损失20.5亿元。

2002年7月,贺江中下游信都水文站洪峰流量7320m^3/s,古榄水文站洪峰流量5690m^3/s,封开县贺江水位急剧上升,南丰水文站7月3日8时出现洪峰水位40.83m(珠基)。全县受灾乡镇8个,受灾人口11.2542万;受浸住房17563间,倒塌房屋124间;农作物受灾面积6.9271万亩,其中粮食作物3.9674万亩;农作物成灾面积5.5636万亩,其中粮食作物3.35万亩;农作物绝收面积5.1万亩,其中粮食作物3.049万亩;减收粮食1.235万t;死亡牲畜530头;水产养殖损失0.5777万亩,0.4333万t;农林牧渔业直接经济损失8620.8万元;停产工矿企业360个;公路中断14条/次;毁坏公路基面3250m;工业、交通运输业直接经济损失1665.4万元;水利设施方面,损坏小水电站1座,水利设施直接经济损失1550.4万元,全县直接经济损失16155.7万元。

贺江下游保护区内地形呈东北—西南斜长形分布,山峦起伏连绵,属典型的丘陵地带;地势大体为东西两侧高,东部多高山峻岭,贺江洪水自东北向西南穿越保护区,沿岸堤防标准低,甚至不设防,发生洪水时,保护区内将产生重大灾害损失和不利影响。

(2)西江下游洪水顶托

贺江在封开县江口镇汇入西江,由于封开县地势较低,贺江沿岸堤防防护标准低甚至无防护,当西江发生洪水时,由于西江洪水的顶托,贺江洪水汇入西江受阻,贺江下游水位上涨,封开县沿岸受淹,造成较大洪涝灾害损失。2006年7月,西江发生洪水,梧州洪峰为32400m^3/s,洪水期间西江梧州水文站最高水位20.30m(珠基),由于西江洪水的顶托,贺江南丰镇于17日7时出现洪峰水位38.59m(珠基)、超警戒水位3.59m(珠基)。贺江沿线8个镇受灾自然村340个、受浸房屋6170间,倒塌房屋2255间,受灾人口49613人,受灾农作物4.06万亩,其中粮食作物2.76万亩,洪水损坏公路路基19km,损坏输电线路25km,通信线路2km,损坏堤防51处、长度3.16km,造成直接经济损失4400万元。2008年6月,西江发生较大洪水,梧州洪峰流量46000m^3/s,洪水期间梧州水文站最高水位24.84m(珠基),受西江洪水的顶托,南丰镇于14日9时出现洪峰水位37.52m(珠基),造成沿线大量村庄和设施受淹,直接经济损失高达1.09亿元。2017年7月4日,西江1号洪水期间,江口等镇受淹严重,江口镇水位淹至21.40m(珠基),造成较大洪灾损失。

(3)保护区内暴雨洪水

贺江流域属亚热带季风性湿润气候,季风环流作用强烈,雨量充沛。流域产生洪水的暴雨天气系统主要有高空槽、低涡切变线、地面静止锋以及台风等。每年的3月开始,受各类暴雨天气系统影响,加上流域地形的抬升及扰动作用,降雨频繁,暴雨中心多在贺江流域中游及支流临江上游一带，另一支流东安江的洪水对形成贺江流域下游特大洪水起促进的作用。4—8月是贺江的主汛期，暴雨中心多出现在贺江中游和支流大宁河上游一带，贺江中下游大洪水主要发生在5—7月。

根据实测资料，1994年7月19日，受北部湾热带低压外围与500hPa高空槽共同影响，梧州地区大范围普降大到暴雨，7月22日起贺江流域普降大暴雨，暴雨中心在流域的上游西部、支流东安江中上游，流域中游两广交界一带。该次暴雨按自西向东、自上游向下游的方向移动，形成雨洪叠加，龟石电站、合面狮水库被迫开闸泄洪，形成“1994·7”全流域性的特大洪水。“1994·7”大洪水的来水集中在贺江干流、支流东安江，支流临江来水量不大，由于上游河水猛涨，龟石水库开闸泄洪，贺州市八步区市区河段水位一日之内急剧涨落，城区大部分遭受洪水袭击，受上游来水急剧增加影响，合面狮水电站增加了泄洪量，下游沿江各乡镇受淹严重，11个镇86个管理区1370余个自然村的16.8万人受灾，倒塌房屋5.72万间（土砖房），11.7万人被洪水围困；淹浸未收割水稻1.2万亩，晚稻直播秧苗3.55万亩，洪水造成决堤31条，淹没公路56km，通信电缆303km，刮倒输电线27条，造成直接经济损失20.5亿元。

2002年6月28日至7月2日，受高空槽、低涡切变线和地面静止锋共同作用，贺江流域上、中游普降大雨，局部降了大暴雨。合面狮水库入库站梅花水位站、独岭水文站、新丰水文站7月1日雨量分别为306.7mm、351.7mm、357.3mm，导致合面狮库区及其下游河水猛涨。合面狮库区贺街镇街区属该场洪水的暴雨中心，合面狮入库流量短时间内增率很大，整个洪水过程峰高量大，在信都镇地段形成较大漫滩壅水现象。根据贺江控制站信都水文站资料，这次降雨过程形成的洪水为信都水文站设站以来最大洪水。封开县受灾乡镇8个，受灾人口11.25万，全县直接经济损失16155.7万元。

4.2.2 洪水来源及量级确定

贺江下游防洪保护区面临的洪水风险主要为：一是贺江上游洪水造成漫堤带来的影响，二是保护区内的暴雨洪水，三是西江下游洪水的顶托，以及3种洪水遭遇带来的影响。对各洪源量级的确定，参考《洪水风险图编制技术细则（试行）》相关规定。

对于贺江上游洪水，最小洪水量级设定为现状防洪标准，最大量级不低于100年一遇，另外还要求考虑历史最大洪水。贺江下游堤防现状防洪标准为2～5年一遇。根据调查，2002年洪水为贺江信都水文站历史最大洪水，信都水文站洪峰流量达7320m^3/s，其量级略低于100年一遇(7580m^3/s)。因此，贺江下游防洪保护区贺江上游洪水采用2年、5年、10年、20年、50年和100年一遇6个量级，见表4-2。

对于西江洪水的顶托，选取2年、5年、10年、20年、50年和100年一遇6个量级。

对于区内暴雨，暴雨量级一般取易涝区域排涝标准所对应的频率至20年一遇，本次在细则要求的基础上增加至 100 年一遇。因此，区内暴雨量级选取 2 年、5 年、10 年、20 年、50 年和 100 年一遇 6 个量级。

表 4-2　　贺江中下游防洪保护区洪水分析计算方案汇总

方案序号	洪水来源	洪水量级
1	贺江上游洪水	2 年一遇
2		5 年一遇
3		10 年一遇
4		20 年一遇
5		50 年一遇
6		100 年一遇
7	区内暴雨	2 年一遇
8		5 年一遇
9		10 年一遇
10		20 年一遇
11		50 年一遇
12		100 年一遇
13	西江洪水顶托	2 年一遇
14		5 年一遇
15		10 年一遇
16		20 年一遇
17		50 年一遇
18		100 年一遇

4.2.3　洪源遭遇组合方案

(1)以贺江洪水为主

1)遭遇西江下游洪水情况

根据古榄、南丰及西江梧州水文站 1954—2016 年共计 63 年实测资料统计分析，由于西江梧州水文站年最大洪水特点为峰高量大，历时长，峰型胖，涨水历时 5～10d，因此，在 63 年中，西江梧州水文站和贺江古榄、南丰水文站年最大洪水洪峰正面遭遇概率很小，基本无遭遇。贺江古榄、南丰水文站年最大洪水基本在梧州水文站年最大洪水涨水期与其遭遇，在 63 年中有 17 场在梧州年最大洪水涨水期遭遇，遭遇概率为 27%，梧州水文站和贺江古榄、南丰水文站年最大洪水不同场为 46 场，不同场概率为 73%。

根据古榄水文站历年最大洪峰流量与相应梧州水文站洪峰分析成果(图 4-1)可知,除2005 年贺江干流古榄水文站发生 2720m³/s 洪水(小于多年平均洪峰 3020m³/s)时,西江洪峰为 53300m³/s 外,其他情况下,当贺江干流发生洪水时,西江洪峰都在 10 年一遇(44900m³/s)以下。

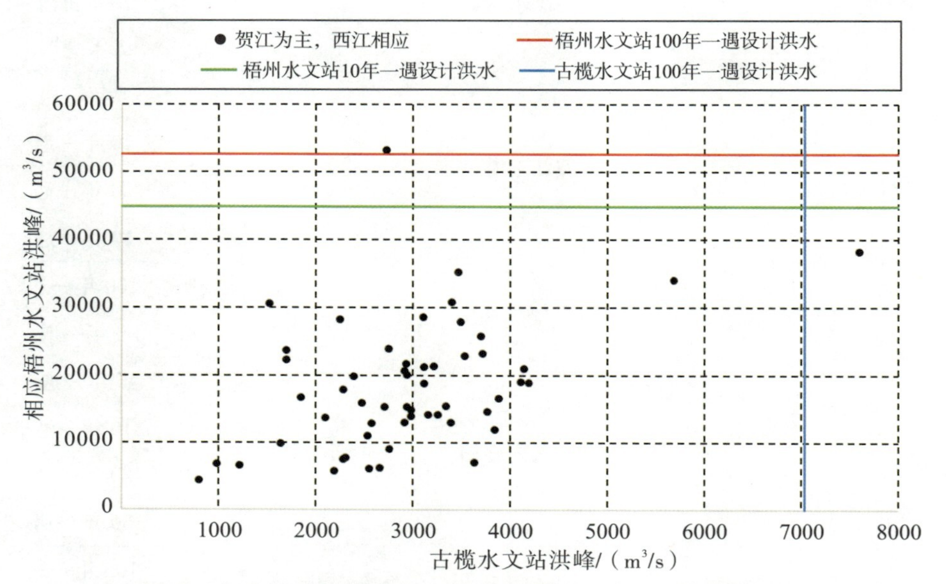

图 4-1 古榄水文站历年最大洪峰流量与相应梧州水文站流量关系

2)遭遇区内暴雨情况

根据古榄水文站 1954—2007 年历年最大洪峰流量与相应古榄水文站日降雨量的分析成果(图 4-2),当古榄水文站发生年最大洪峰时,遭遇的区内古榄水文站暴雨均在多年平均最大 24h 降雨量 116mm 以下。

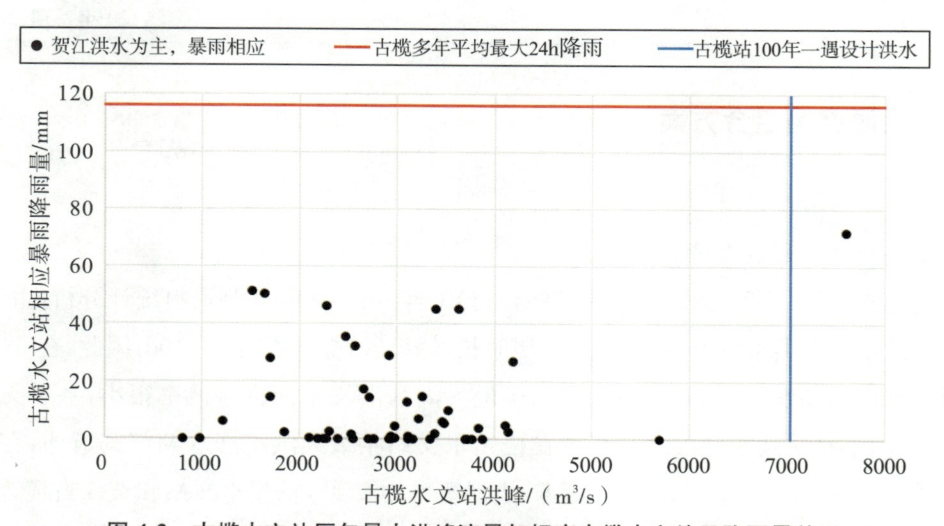

图 4-2 古榄水文站历年最大洪峰流量与相应古榄水文站日降雨量关系

3)遭遇支流东安江情况

根据古榄(1954—2007 年)、南丰(2007—2008 年)、东安江西中站(1960—1961 年)及东安江西中水库站(2008—2016 年)实测资料,统计分析各站资料重合期内东安江和贺江遭遇情况,在共计 15 年重合期中,贺江和东安江年最大洪水同场遭遇的有 9 场,洪水遭遇概率为 60%,贺江和东安江年最大洪水遭遇概率大。2013 年 8 月实测洪水南丰水文站流量达到 5120m^3/s(接近 20 年一遇),相应东安江西中水库站实测流量达到 2755m^3/s(约 20 年一遇),贺江干流和东安江同频遭遇。2010 年 6 月实测洪水南丰水文站流量达到 3520m^3/s(5 年一遇),相应东安江西中水库站实测流量达到 2247m^3/s(5～10 年一遇),贺江干流和东安江也接近同频遭遇。

(2)以西江洪水为主

1)遭遇贺江洪水情况

根据梧州水文站 1954—2007 年历年最大洪水与古榄水文站相应洪水的分析成果(图 4-3),梧州水文站历年最大洪峰流量 53700m^3/s(略大于 100 年一遇设计流量 52700m^3/s),当梧州水文站发生年最大洪峰时,遭遇的古榄水文站相应洪峰均在 10 年一遇(4590m^3/s)以下。

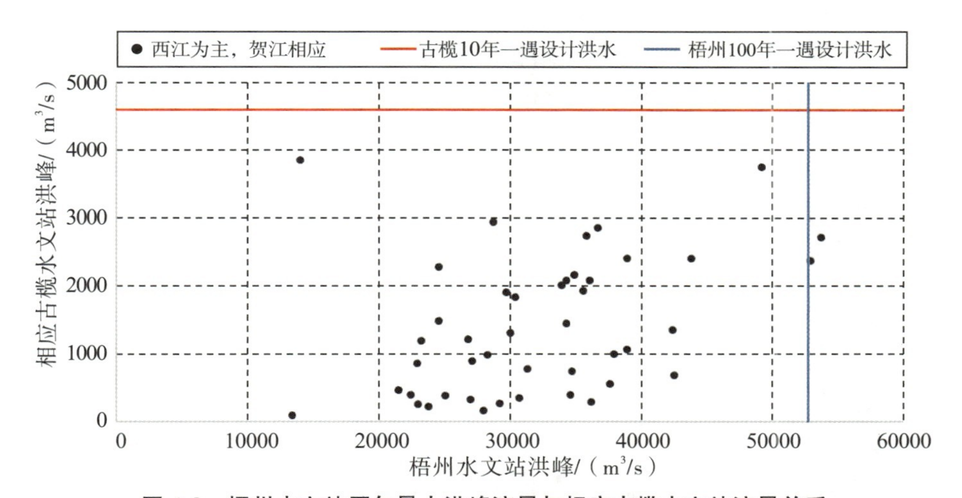

图 4-3　梧州水文站历年最大洪峰流量与相应古榄水文站流量关系

2)遭遇保护区内暴雨情况

根据梧州水文站 1954—2013 年历年最大洪水与保护区内古榄水文站相应日暴雨的分析成果(图 4-4),当梧州水文站发生年最大洪峰时,遭遇的区内古榄水文站暴雨均在多年平均最大 24h 降雨量 116mm 以下。

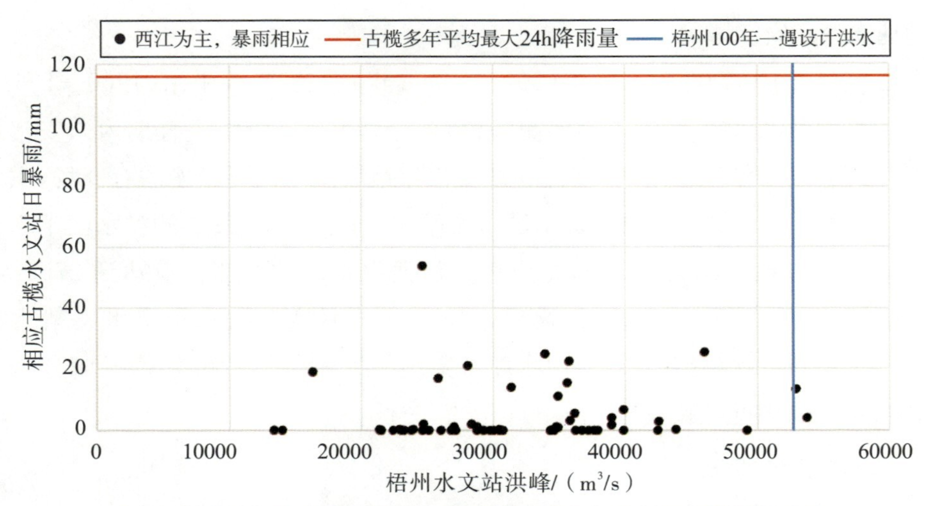

图 4-4 梧州水文站历年最大洪峰流量与相应古榄水文站降雨量关系

(3)以区内暴雨洪水为主

1)遭遇贺江洪水情况

根据古榄水文站历年最大 24h 暴雨与相应当日古榄水文站流量的分析成果(图 4-5)，当古榄水文站发生年最大 24h 暴雨时，除 1994 年古榄水文站发生 72mm 暴雨(远小于多年平均最大 24h 降雨量 116mm)时古榄水文站相应洪峰为 7600m^3/s(大于 100 年一遇)外，其他情况下，古榄水文站相应当日流量均在多年平均洪峰流量 2940m^3/s 以下。

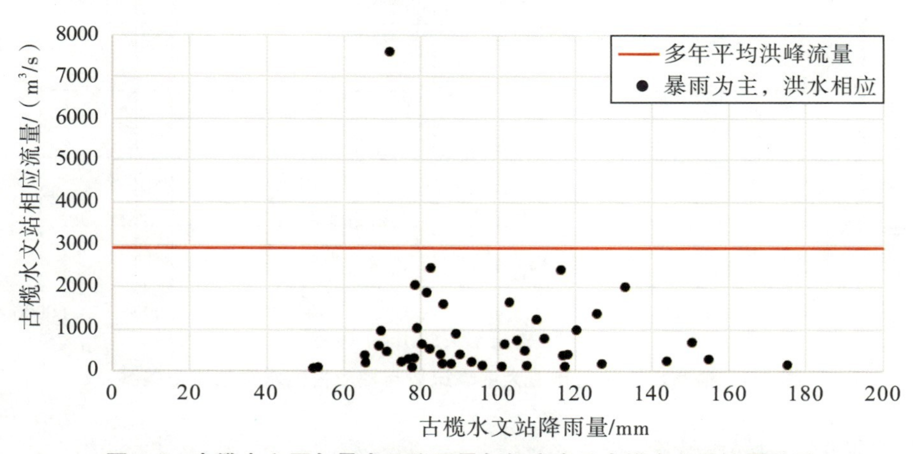

图 4-5 古榄水文历年最大日降雨量与相应当日古榄水文站流量关系

2)遭遇西江下游洪水情况

根据古榄水文站历年最大 24h 暴雨与相应当日梧州水文站流量分析成果(图 4-6)，当古榄水文站发生年最大 24h 暴雨时，除 1994 年古榄水文站发生 72mm 暴雨(远小于多年平均最大 24h 降雨量 116mm)时梧州水文站相应洪峰为 38300m^3/s(大于多年平均洪峰 32000m^3/s)外，其余梧州水文站相应当日流量均在多年平均洪峰流量 32000m^3/s 以下。

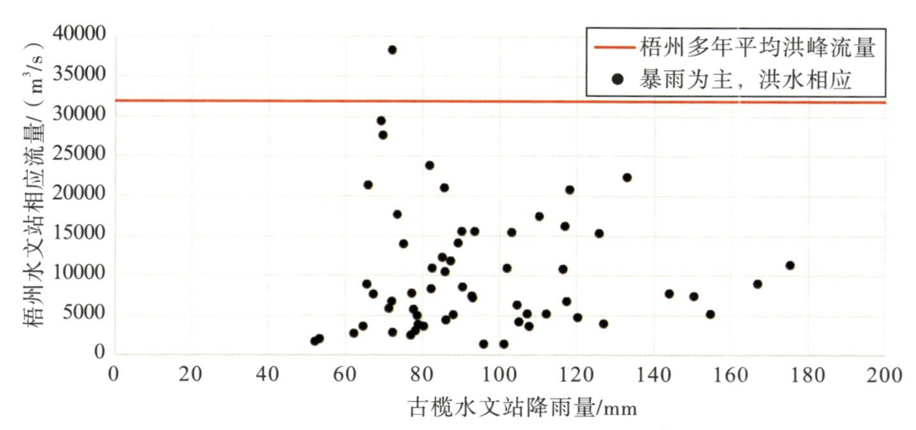

图 4-6　古榄水文站历年最大降雨量与相应当日梧州水文站流量关系

（4）洪源遭遇组合方案

根据以上分析，以最大可能以及较不利为原则，分析确定以下洪源遭遇组合：

①当以贺江洪水为主，发生100年、50年、20年、10年一遇洪水时，相应西江干流发生10年一遇设计洪水；贺江发生5年、2年一遇洪水时，西江下游洪水采用与贺江同频。各组合下支流东安江采用与贺江同频，区内暴雨采用多年平均，各方案洪水量级见表4-3。

表 4-3　以贺江洪水为主的各洪水来源组合成果

组合	贺江南丰水文站		西江下游洪水/（m^3/s）	东安江同频洪水/（m^3/s）	保护区内多年平均暴雨/mm
	相应设计频率	洪峰流量/（m^3/s）			
组合一	100年一遇	8370	44900	3650	116
组合二	50年一遇	7340	44900	3290	116
组合三	20年一遇	6010	44900	2790	116
组合四	10年一遇	5010	44900	2410	116
组合五	5年一遇	3930	37800	2000	116
组合六	2年一遇	2520	31200	1410	116

②当以西江下游洪水顶托为主，西江发生100年、50年、20年、10年一遇洪水时，贺江洪水采用10年一遇设计洪水；西江发生5年、2年一遇洪水时，贺江洪水采用与西江同频。各组合下支流东安江采用与贺江同频，区内暴雨采用多年平均，各方案洪水量级见表4-4。

表 4-4　以西江洪水顶托为主的各洪水来源组合成果

组合	西江梧州水文站		贺江洪水/（m^3/s）	东安江洪水/（m^3/s）	保护区内多年平均暴雨/mm
	设计频率	洪峰流量/（m^3/s）			
组合七	100年一遇	52700	5010	2410	116
组合八	50年一遇	49700	5010	2410	116

续表

组合	西江梧州水文站		贺江洪水/(m^3/s)	东安江洪水/(m^3/s)	保护区内多年平均暴雨/mm
	设计频率	洪峰流量/(m^3/s)			
组合九	20 年一遇	45400	5010	2410	116
组合十	10 年一遇	41800	5010	2410	116
组合十一	5 年一遇	37800	3930	2000	116
组合十二	2 年一遇	31200	2520	1410	116

③当以保护区内暴雨为主，保护区内发生 100 年、50 年、20 年、10 年、5 年、2 年一遇暴雨时，贺江洪水采用多年平均洪峰流量，支流东安江采用与贺江同频，外江西江也采用多年平均洪峰流量，各方案洪水量级见表 4-5。

表 4-5　以区内暴雨为主的各洪水来源组合成果

组合	保护区内古榄水文站最大 24h 降雨量/mm	设计频率	贺江多年平均洪水/(m^3/s)	东安江洪水/(m^3/s)	西江多年平均洪水/(m^3/s)
组合十三	214	100 年一遇	2960	1556	32000
组合十四	198	50 年一遇	2960	1556	32000
组合十五	177	20 年一遇	2960	1556	32000
组合十六	160	10 年一遇	2960	1556	32000
组合十七	141	5 年一遇	2960	1556	32000
组合十八	111	2 年一遇	2960	1556	32000

4.3　洪水风险分析计算

贺江下游防洪保护区的洪水风险分析计算采用数值模型的方法，演示洪水在时间和空间上的变化过程，得出淹没水深、淹没历时、洪水流速等水情指标值，为洪水调度、避险转移决策等提供基础信息。

4.3.1　溃口设置方案

在对贺江下游防洪保护区堤防历史溃决情况调查的基础上，与当地防汛部门、有关专家讨论分析确定防洪保护区堤防可能的溃决方式。

从对保护区影响较大和各种不利情况的组合考虑，综合河势地形、地质状况、工程状况、历史出险情况等，并结合现场调查、专家咨询和沿堤各区、镇水利管理所征求意见等，贺江下游堤防多为村民自建堤防，堤高多为 1～3m，从历次洪水实际情况看，两岸多为洪水自由漫溢，因此，贺江下游防洪保护区内堤防溃决方式采用洪水自由漫溢。

4.3.2　洪水风险要素分析成果

4.3.2.1　以贺江为主洪水的洪水计算成果

在贺江下游发生 100 年一遇、50 年一遇、20 年一遇、10 年一遇、5 年一遇和 2 年一遇设计洪水，相应西江发生 10 年一遇洪水水文条件下，由于两岸防洪标准较低，贺江沿岸出现了不同程度的洪水漫溢出槽。由于计算方案数量众多，为便于分析成果合理性，仅列出贺江发生 100 年一遇、10 年一遇洪水条件下，南丰镇的洪水计算结果，包括各方案淹没范围、淹没历时、淹没最大水深等。

(1)100 年一遇水文条件下洪水淹没过程分析

当贺江发生 100 年一遇洪水，西江发生相应 10 年一遇洪水时，在 $t=$ 18h 时刻，南丰镇九井河河口水位达到 37.35m，九井河水位受贺江洪水顶托而漫溢出河道，进入南丰镇九井河两岸的较低区域。此后，随着贺江水位不断上涨，南丰镇受淹范围不断增大；在 $t=42$h 时，贺江洪水达到最大峰值，南丰镇水位达到 42.14m，之后随着洪峰过境，贺江水位逐渐下降、漫溢流量逐渐减小，保护区内淹没水位增加；在 $t=47$h 时，南丰镇水位 41.9m，南丰镇左岸内外水位达到平衡状态；此后，围内水位逐渐降低，直至模拟时段结束。

南丰镇左岸城区遭遇 100 年一遇洪水，最大淹没面积 636.3 万 m^2，最大积水量 1777.2 万 m^3，受灾区平均淹没水深 2.79m。从最大淹没水深成果来看，淹没水深超过 2m 的区域面积为 415.1 万 m^2，淹没水深为 1～2m 的区域面积为 125.3 万 m^2，淹没水深为 0.5～1m 的区域面积为 49.0 万 m^2。从洪水到达时间来看，九井河沿岸的地势较低区域在九井河漫堤后 3～6h 到达，洪水由地势较低地区逐渐上涨，河道两侧以外的地区洪水基本在 6～24h 到达。从洪水淹没历时来看，九井河沿岸地势较低的区域淹没历时多为 1～3d，河道两侧以外的地区淹没历时基本为 12～24h。

除南丰镇城区以外，南丰镇右岸的且止村、渡头村、九盘村亦有不同程度的洪水淹没。贺江中下游发生 100 年一遇设计洪水时，以南丰镇左岸城区为例分析漫溢过程成果见图 4-7。

(2)10 年一遇水文条件下洪水淹没过程分析

当贺江发生 100 年一遇洪水，西江发生相应 10 年一遇洪水时，在 $t=$ 22h 时刻，南丰镇九井河河口水位达到 37.41m，九井河水位受贺江洪水顶托而漫溢出河道，进入南丰镇九井河两岸的较低区域。此后，随着贺江水位不断上涨，南丰镇受淹范围不断增大；在 $t=42$h，贺江洪水达到最大峰值，南丰镇水位达到 40.05m，之后随着洪峰过境，贺江水位逐渐下降、漫溢流量逐渐减小，保护区内淹没水位增加；在 $t=47$h，南丰镇水位 39.95m，南丰镇左岸内外水位达到平衡状态；此后，围内水位逐渐降低，直至模拟时段结束。

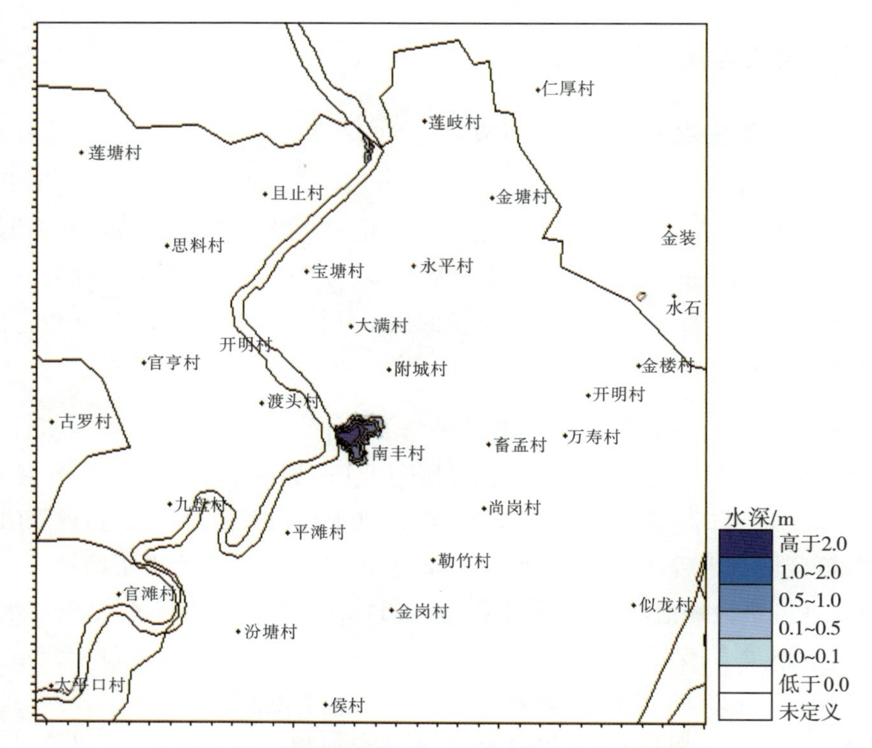

(a)100 年一遇洪水条件下 $t=18$h 时，南丰镇淹没范围

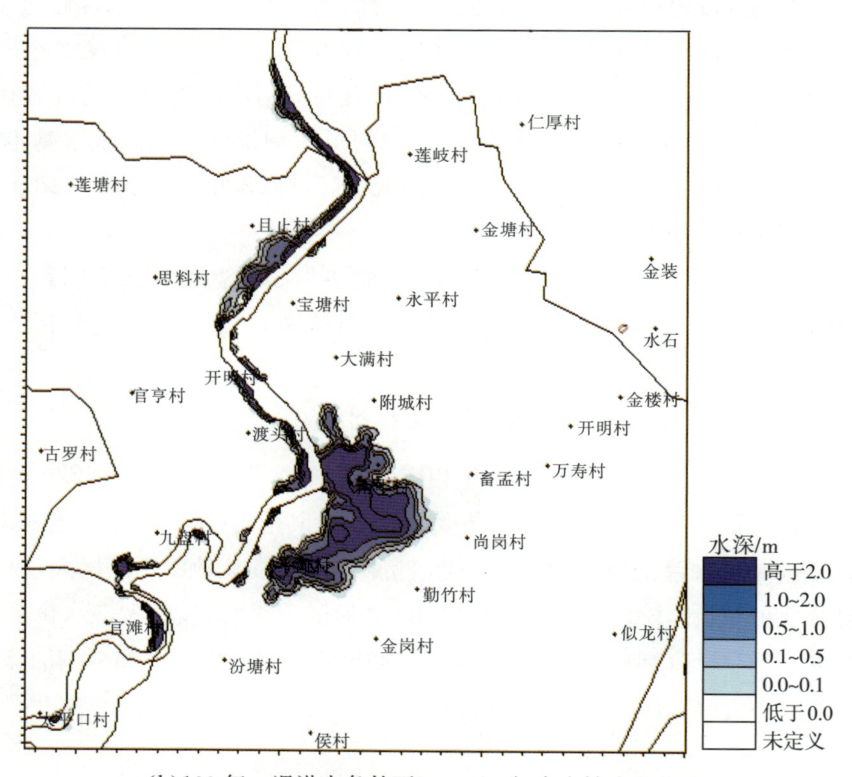

(b)100 年一遇洪水条件下 $t=42$h 时，南丰镇淹没范围

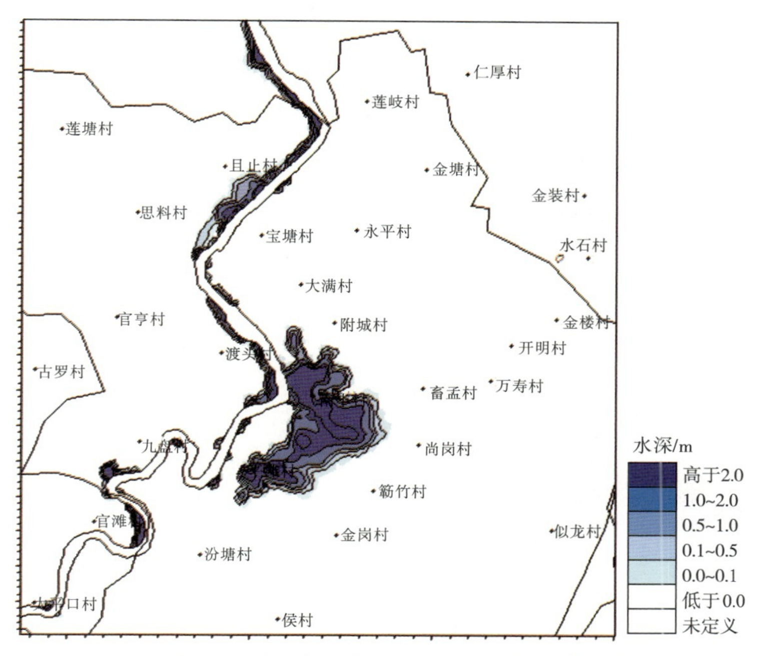

(c)100年一遇洪水条件下 $t=47$h 时，南丰镇淹没范围

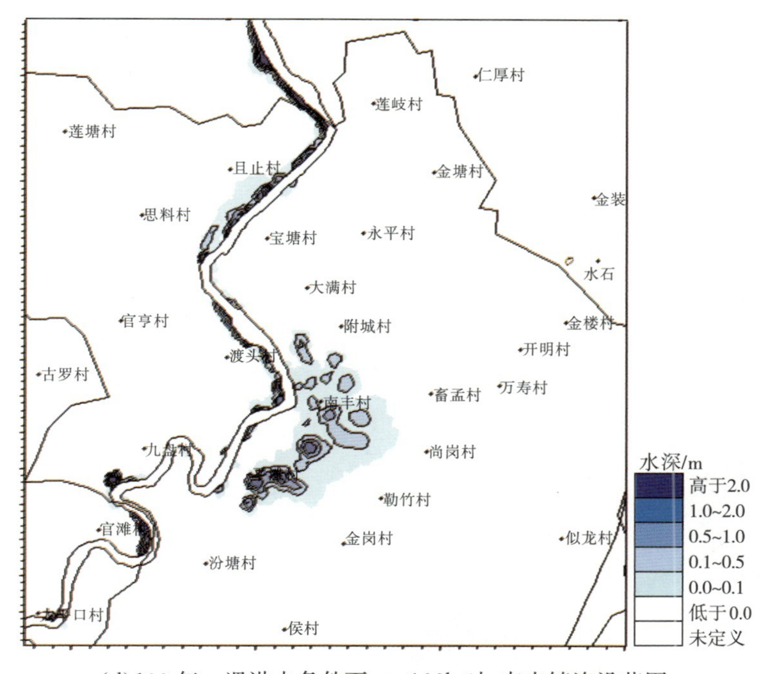

(d)100年一遇洪水条件下 $t=166$h 时，南丰镇淹没范围

图4-7　南丰镇左岸城区漫溢过程成果

南丰镇左岸城区遭遇10年一遇洪水，最大淹没面积394.8万 m^2，最大积水量667.2万 m^3，受灾区平均淹没水深1.69m。从最大淹没水深成果来看，淹没水深超过2m的区域面积107.8万 m^2，淹没水深为1～2m的区域面积为116.9万 m^2，淹没水深为0.5～1m

的区域面积为 88.2 万 m^2。从洪水到达时间来看，九井河沿岸的地势较低区域在九井河漫堤后 3～6h 到达，洪水由地势较低地区逐渐上涨，河道两侧以外的地区洪水基本在 6～24h 到达。从洪水淹没历时来看，九井河沿岸的地势较低区域淹没历时多为 1～3d，河道两侧以外的地区淹没历时基本为 12～24h。

除南丰镇城区以外，南丰镇右岸的且止村、渡头村、九盘村亦有不同程度的洪水淹没。贺江中下游发生 10 年一遇设计洪水时，以南丰镇为例分析漫溢过程计算结果见图 4-8。

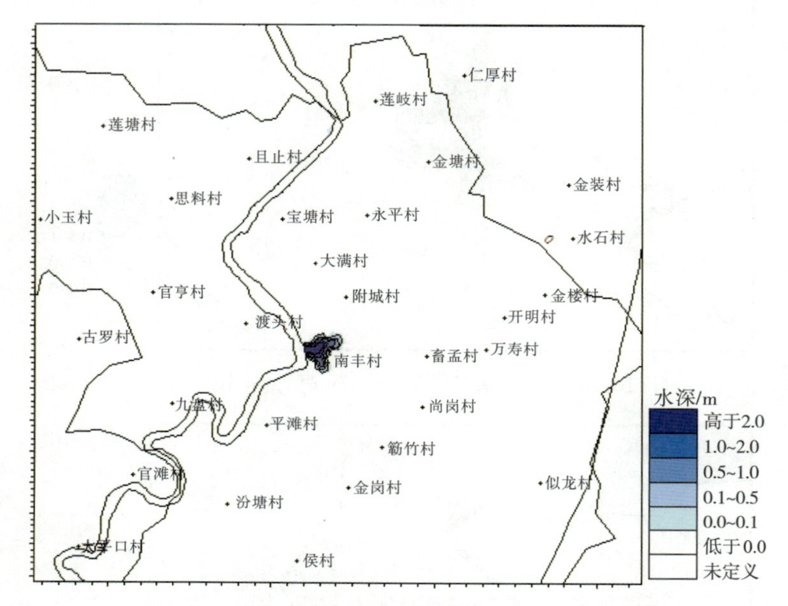

(a)10 年一遇洪水条件下 $t=18h$ 时，南丰镇淹没范围

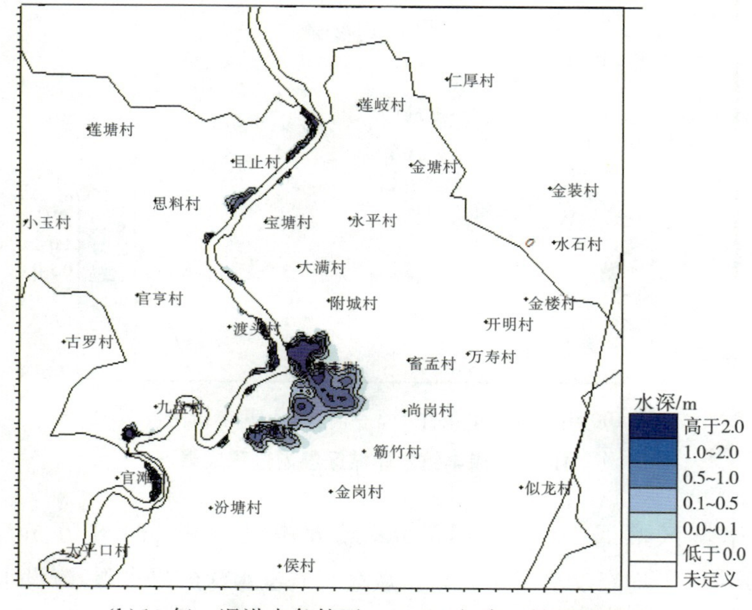

(b)10 年一遇洪水条件下 $t=42h$ 时，南丰镇淹没范围

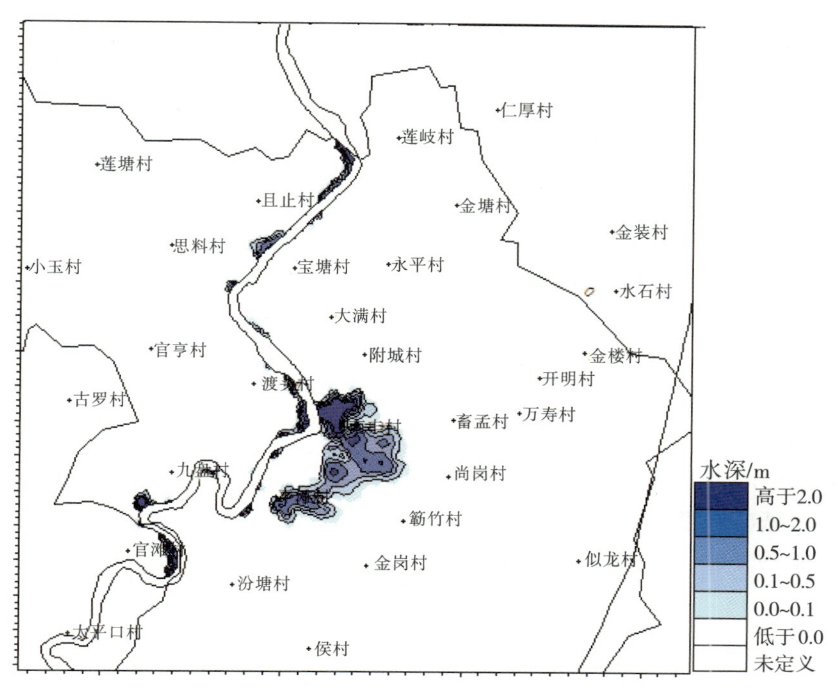

(c)10 年一遇洪水条件下 $t=47$h 时,南丰镇淹没范围

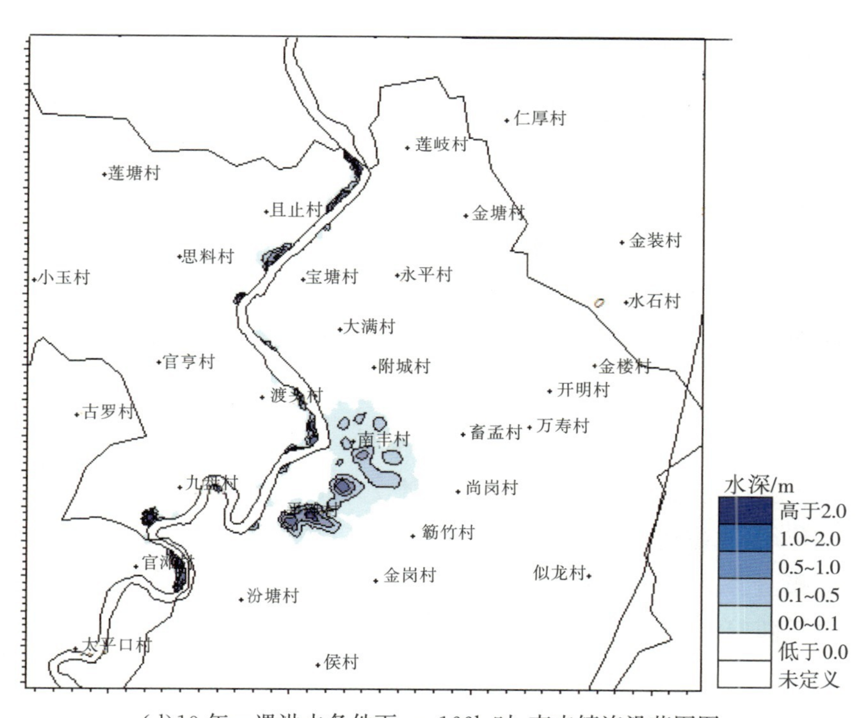

(d)10 年一遇洪水条件下 $t=166$h 时,南丰镇淹没范围图

图 4-8　南丰镇漫溢过程

4.3.2.2 以西江为主洪水的洪水计算成果

在西江下游发生100年一遇、50年一遇、20年一遇、10年一遇、5年一遇和2年一遇设计洪水，相应贺江发生10年一遇洪水水文条件下，由于两岸防洪标准较低，贺江下游保护区受贺江洪水漫溢出槽而受淹。比较以西江洪水为主的6种工况，贺江洪水水面线的区别在于受下游西江洪水顶托影响，距贺江河口里程105km(白垢镇范围)以上河道范围内最高洪水位基本一致，本节重点列出当西江发生100年、10年一遇洪水时，受西江洪水顶托的江口镇的洪水风险。

(1)100年一遇水文条件下洪水淹没过程分析

当西江中下游发生100年一遇设计洪水时，在t=127h时，贺江河口水位受西江洪水和贺江洪水共同作用，水位达到19.07m，洪水漫溢进入老城区附近较低的区域，此后，随着贺江洪水上涨，老城区淹没范围不断增加；在t=449h时，贺江河口水位受西江洪水和贺江洪水共同作用，水位达到27.3m，洪水漫过新城区堤防，此后，随着贺江洪水上涨，新城区淹没范围不断增加；在t=475h时，贺江河口洪水水位达到最大峰值27.55m，之后随着洪峰过境，贺江水位逐渐下降、漫溢流量逐渐减小，保护区内淹没范围仍在增加；在t=479h时，老城区内外水位27.05m，内外水位达到平衡状态；此后，淹没范围内水位逐渐降低，直至模拟时段结束。

江口镇老城区遭遇西江中下游100年一遇洪水顶托影响，最大淹没面积82.6万m^2，最大积水量291.1万m^3，受灾区平均淹没水深3.52m。从最大淹没水深成果来看，淹没水深超过2m的区域面积为55.3万m^2，淹没水深为1～2m的区域面积为9.8万m^2，淹没水深为0.5～1m的区域面积为5.6万m^2。从洪水到达时间来看，老城区和新城区所处位置洪水基本在漫堤后6～24h内到达。从洪水淹没历时来看，“2005·6”型洪水持续时间长，老城区和新城区受灾区淹没历时多为7d以上。

除江口镇老城区、新城区外，扶来村附近亦有不同程度的洪水淹没。以江口镇(贺江河口)为例分析江口镇洪水漫溢，结果见图4-9。

(2)10年一遇水文条件下洪水淹没过程分析

当西江中下游发生10年一遇设计洪水时，在t=361h时，贺江河口水位受西江洪水和贺江洪水共同作用，水位达到19.09m，洪水漫溢进江口镇老城区附近的较低区域，此后，随着贺江洪水上涨，老城区淹没范围不断增加；在t=491h时，贺江河口洪水水位达到最大峰值24.62m，之后随着洪峰过境，贺江水位逐渐下降、漫溢流量逐渐减小，保护区内淹没范围仍在增加；在t=495h时，老城区内外水位达到平衡状态，水位达到24.54m；此后，淹没范围内水位逐渐降低，直至模拟时段结束。

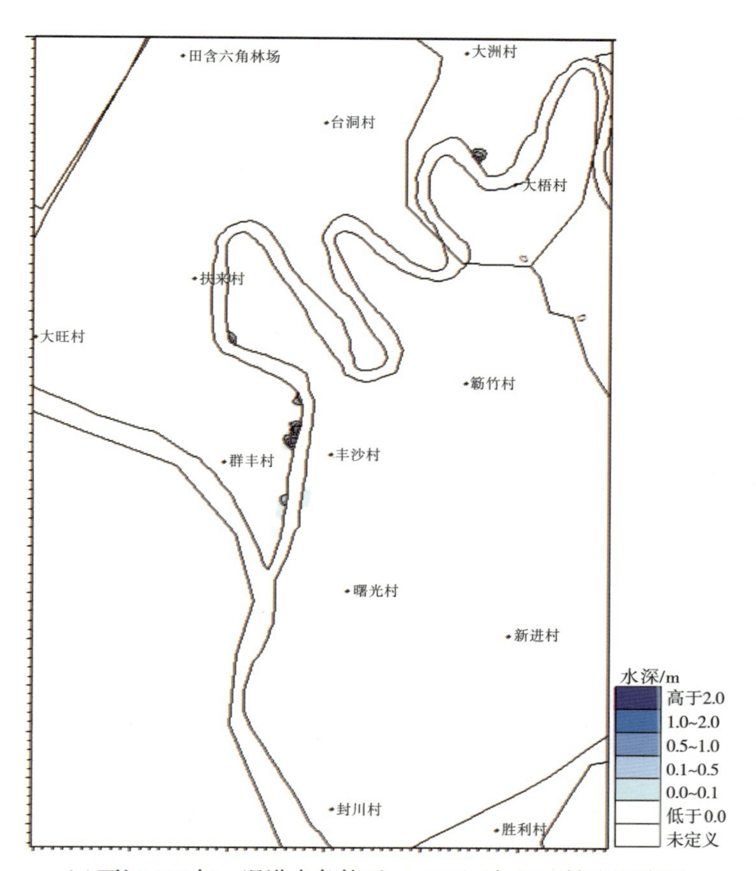

(a)西江100年一遇洪水条件下 $t=127$h时,江口镇淹没范围

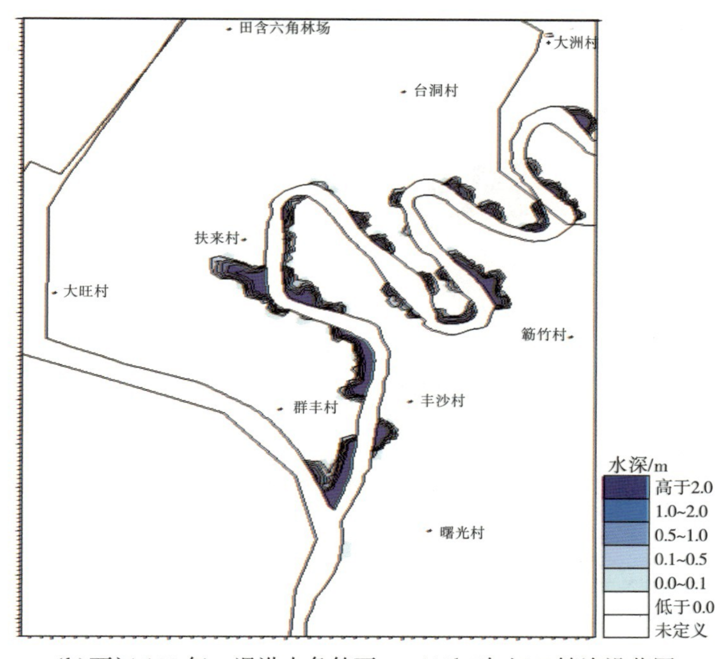

(b)西江100年一遇洪水条件下 $t=449$h时,江口镇淹没范围

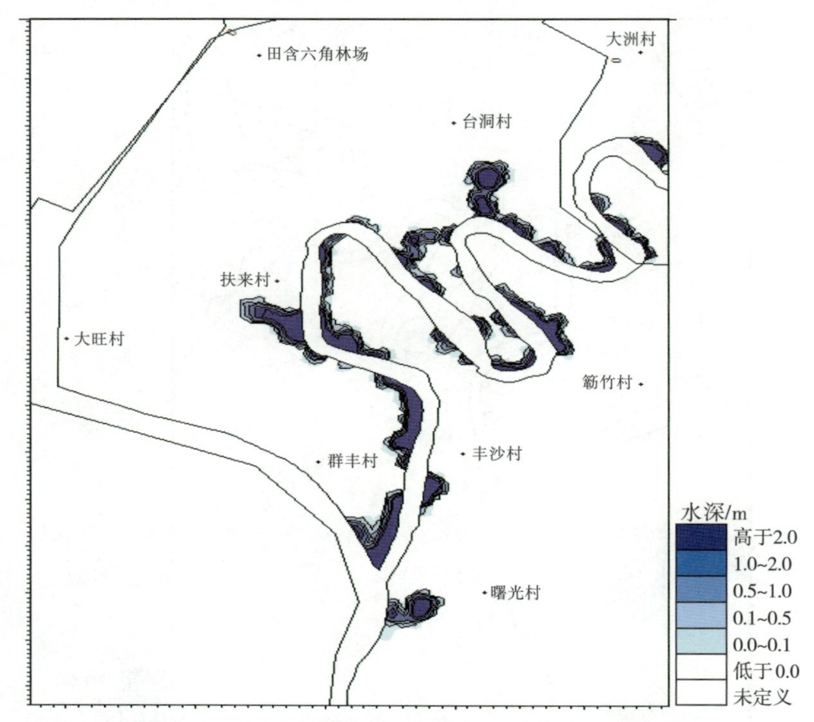

(c)西江 100 年一遇洪水条件下 t=475h 时,江口镇淹没范围

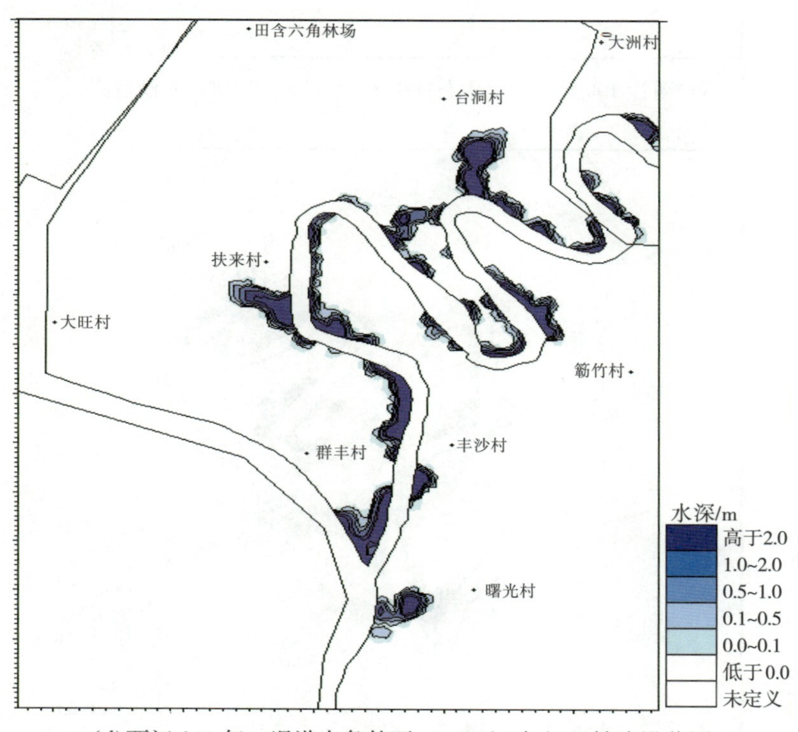

(d)西江 100 年一遇洪水条件下 t=579h 时,江口镇淹没范围

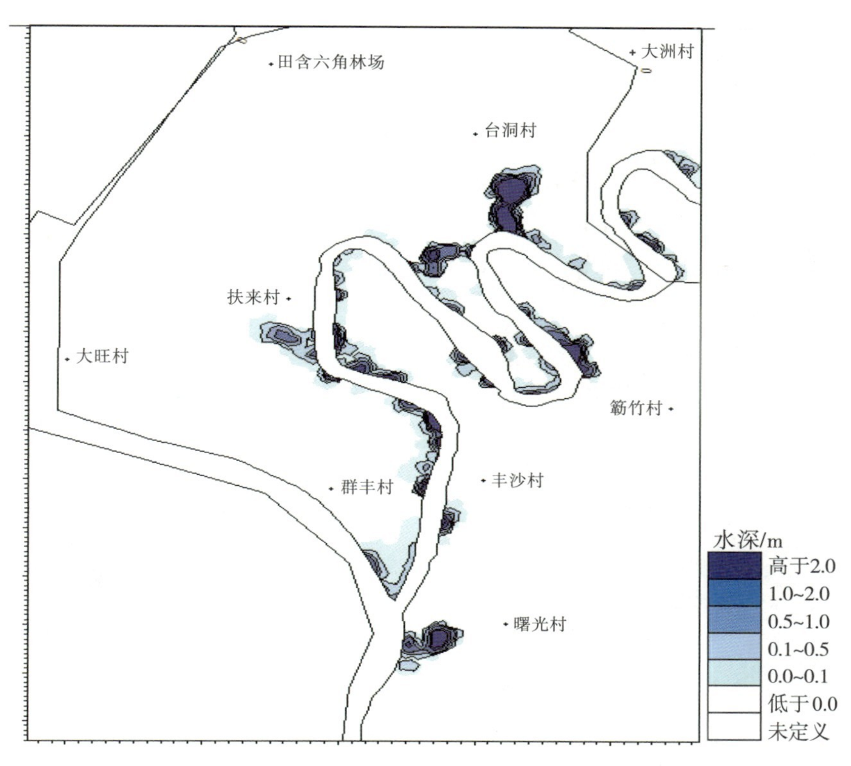

(e)西江 100 年一遇洪水条件下 $t=971$h 时,江口镇淹没范围

图 4-9 江口镇洪水漫溢

江口镇老城区遭遇 10 年一遇洪水,最大淹没面积 70.7 万 m^2,最大积水量 209.1 万 m^3,受灾区平均淹没水深 2.96m。从最大淹没水深成果来看,淹没水深超过 2m 的区域面积 45.5 万 m^2,淹没水深为 1~2m 的区域面积为 8.4 万 m^2,淹没水深为 0.5~1m 的区域面积为 7.0 万 m^2。从洪水到达时间来看,老城区和新城区所处位置洪水基本在漫堤后 6~24h 到达。从洪水淹没历时来看,由于"2005 · 6"型洪水持续时间长,老城区淹没历时多为 7d 以上。

除江口镇老城区外,扶来村附近亦有不同程度的洪水淹没。以江口镇老城区(贺江河口)为例分析其洪水漫溢计算结果,见图 4-10。

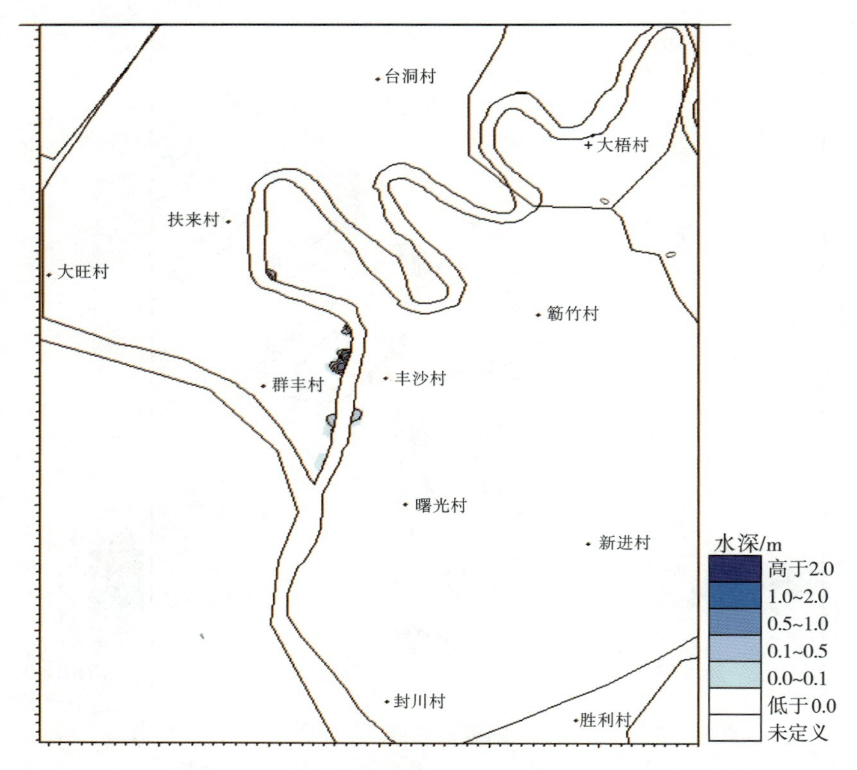

(a)西江 10 年一遇洪水条件下 t=361h 时,江口镇淹没范围

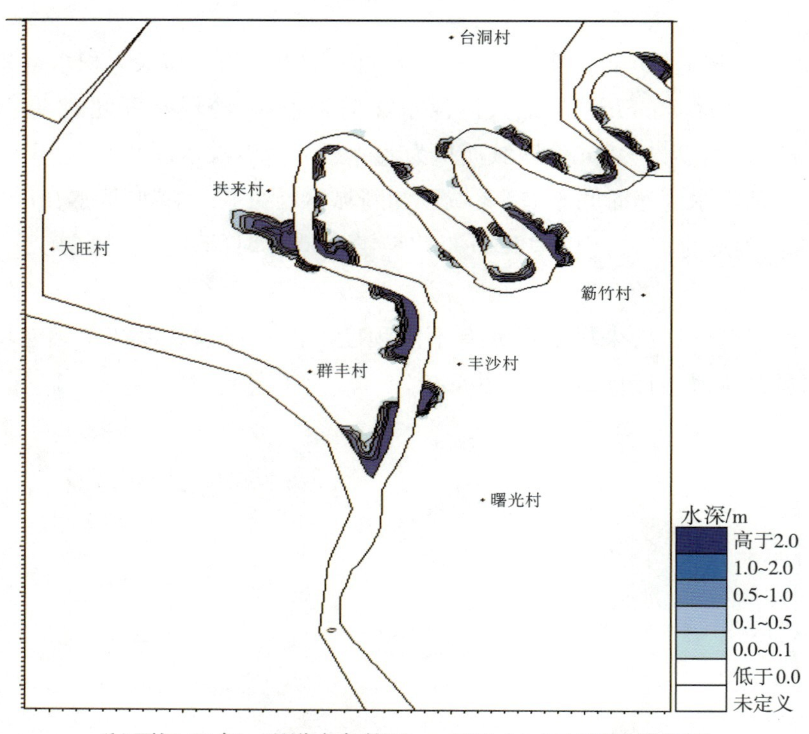

(b)西江 10 年一遇洪水条件下 t=491h 时,江口镇淹没范围

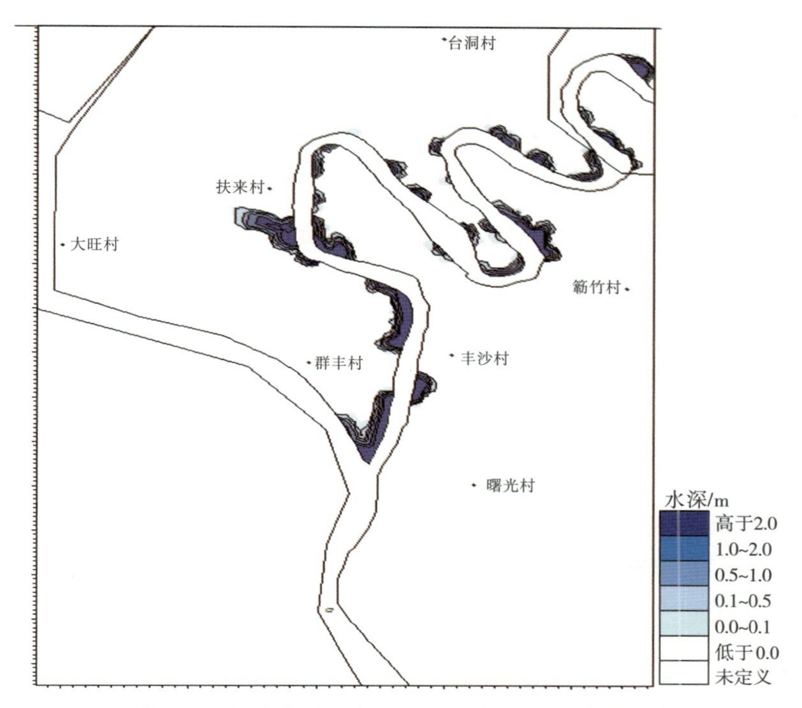

(c)西江 10 年一遇洪水条件下 $t=495$h 时，江口镇淹没范围

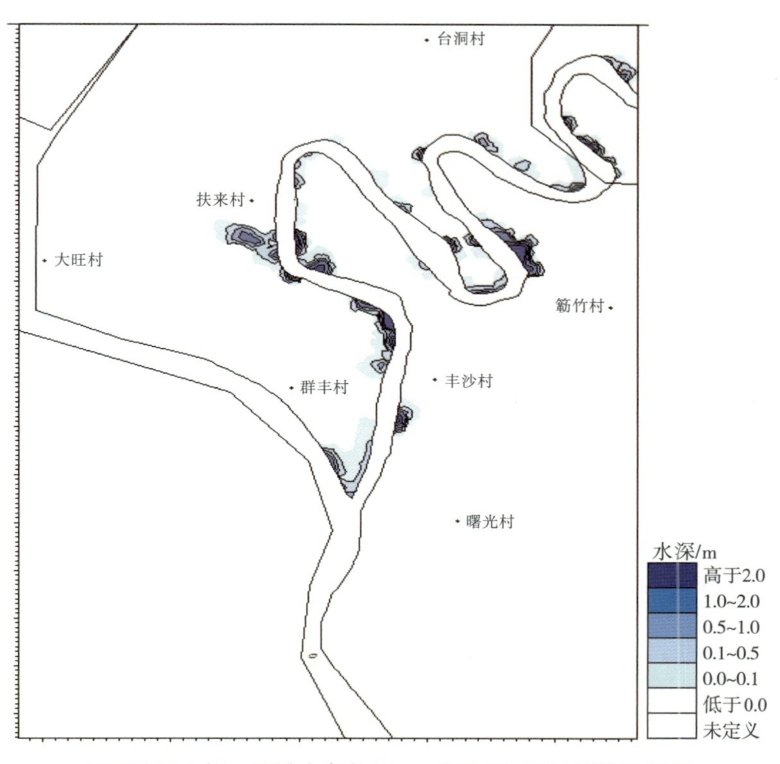

(d)西江 10 年一遇洪水条件下 $t=971$h 时，江口镇淹没范围

图 4-10 江口镇老城区洪水漫溢

4.3.2.3 以保护区内暴雨为主的洪水计算成果

暴雨内涝的影响主要表现在对居民聚居区的淹没影响。内涝多产生于地势较平缓的区域。贺江中下游保护区内南丰镇、江口镇地势低平，因此以暴雨内涝为主的洪水风险分析主要以南丰镇和江口镇为对象，分析保护区内分别发生 100 年一遇、50 年一遇、20 年一遇、10 年一遇、5 年一遇、2 年一遇暴雨贺江下游防洪保护区内涝水淹没情况。由于计算方案数量众多，仅列出南丰镇的洪水计算结果，包括各方案淹没范围、淹没历时、淹没最大水深等。

(1)100 年一遇暴雨南丰镇内涝积水过程

在围堤保护区内发生暴雨后，雨水迅速向保护区内低洼区域集结，造成局部淹没。暴雨发生 34h 后，南丰镇低洼地带均形成内涝；48h 后，低洼地带涝水开始向围堤保护区内其他区域扩散，涝水局限在相对地势较低的区域，形成“湖泊”；60h 后，围堤保护区内涝水与九井河排水逐渐形成平衡，涝水淹没范围不再增加；之后，围堤保护区内涝水淹没范围开始减小。计算结果表明，涝水淹没范围合理，能有效反映河渠、道路、堤防等对涝水传播的影响。100 年一遇暴雨时，南丰镇各时段内涝积水过程见图 4-11。

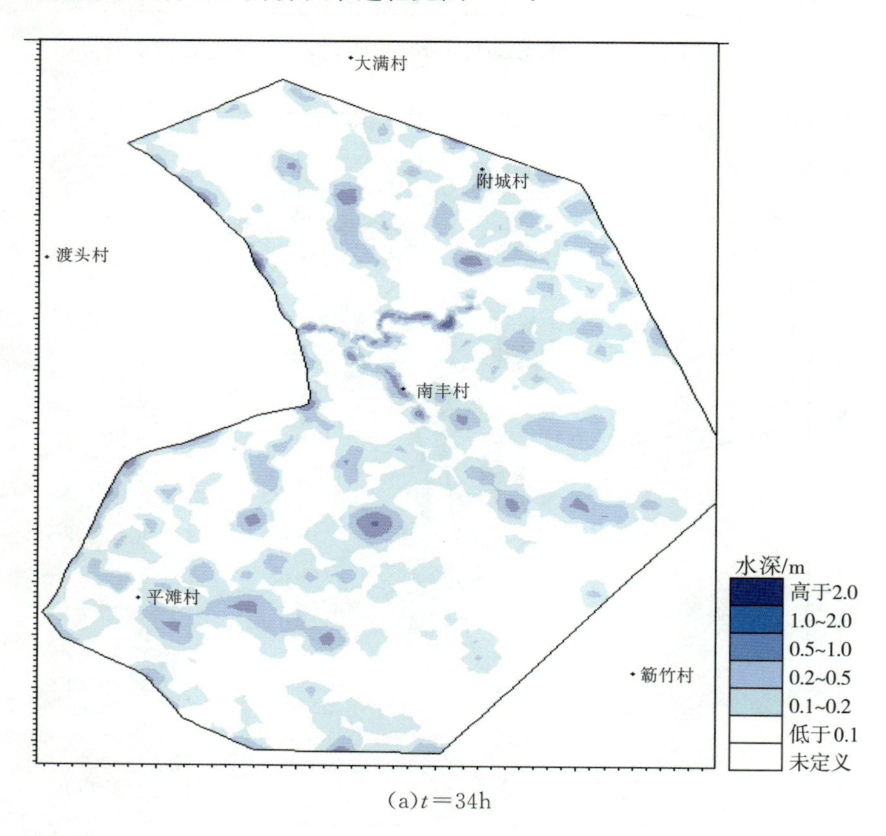

(a)$t=34$h

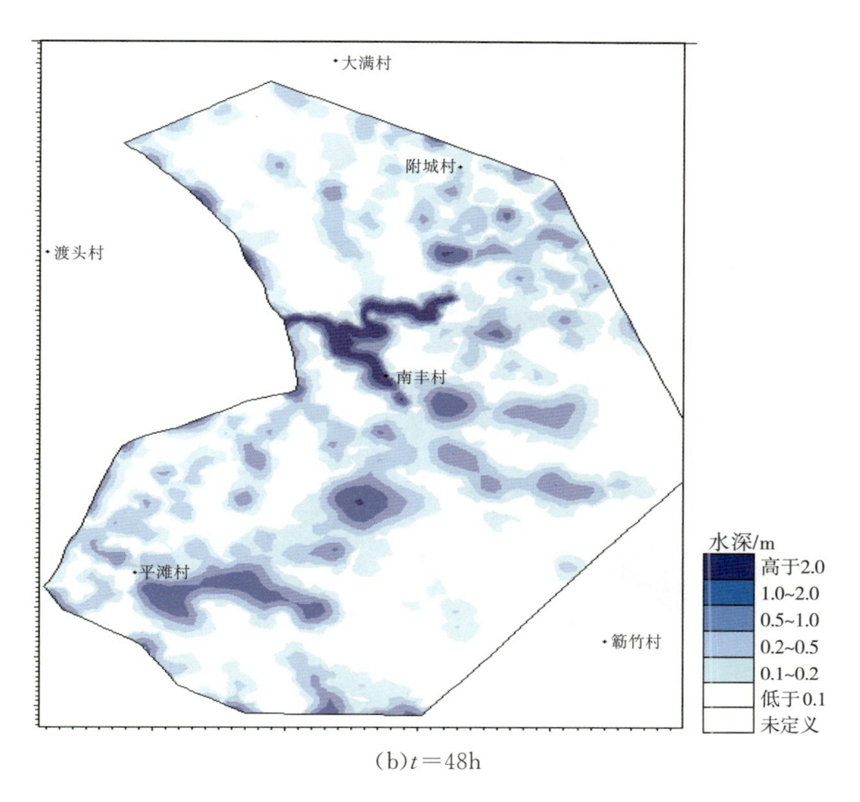

(b)$t=48\text{h}$

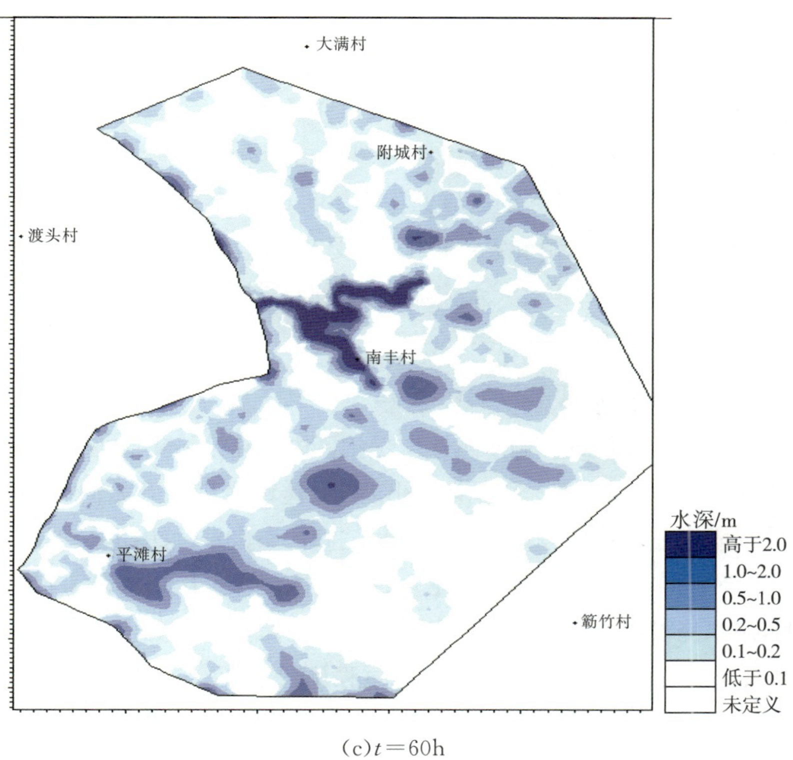

(c)$t=60\text{h}$

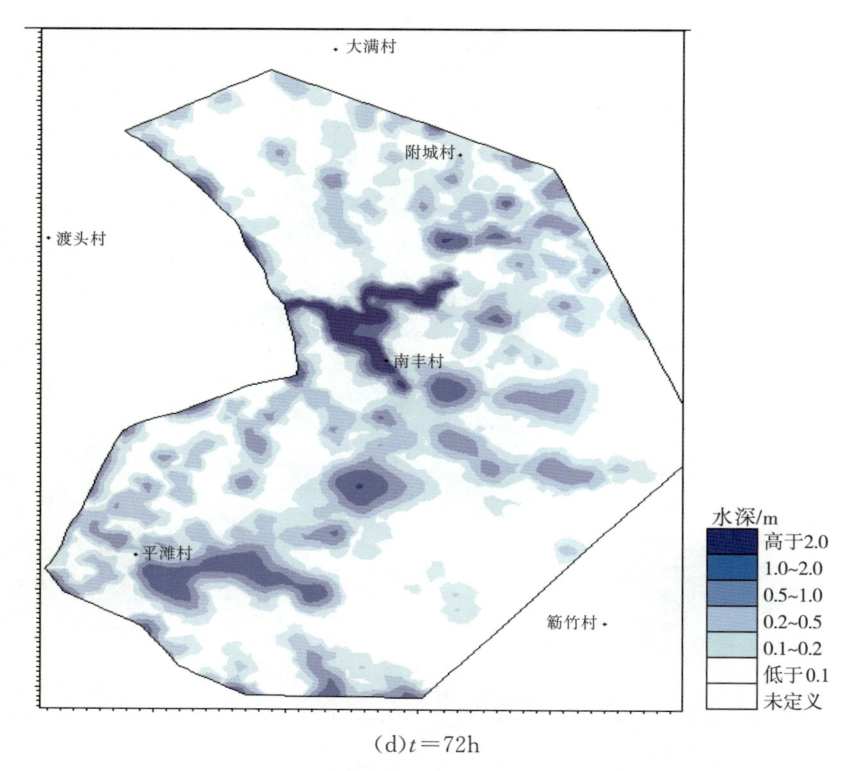

(d)$t=72$h

图 4-11　100 年一遇暴雨时，南丰镇各时段内涝积水过程

由图 4-11 可知，由于保护区内遭遇 100 年一遇罕见暴雨，保护区内的涝水多集中在低洼地带，保护区内淹没面积为 797.5 万 m²，受灾区平均淹没水深 1.32m。从最大淹没水深成果来看，淹没水深超过 2m 的区域面积 194.9 万 m²，淹没水深为 1～2m 的区域面积为 166.0 万 m²，淹没水深为 0.5～1m 的区域面积为 202.0 万 m²，淹没水深为 0.1～0.5m 的区域面积为 229.1 万 m²。从南丰镇受灾过程来看，受灾区淹没历时为 12～38h，九井河两岸低洼地区受灾时间较长。从受灾区最大水流流速来看，受灾区流速一般不超过 0.05m/s。从淹没历时来看，南丰镇内涝灾害一般持续 1～3d。

(2)10 年一遇暴雨南丰镇内涝积水过程

在围堤保护区内发生暴雨后，雨水迅速向保护区内低洼区域集结，造成局部淹没。暴雨发生 34h 后，南丰镇低洼地带均形成内涝；48h 后，低洼地带涝水开始向围堤保护区内其他区域扩散，涝水局限在相对地势较低的区域，形成“湖泊”；60h 后，围堤保护区内涝水与九井河排水逐渐形成平衡，涝水淹没范围不再增加；之后，围堤保护区内涝水淹没范围开始减小。计算结果表明，涝水淹没范围合理，能有效反映河渠、道路、堤防等对涝水传播的影响。

10 年一遇暴雨时，南丰镇各时段内涝积水过程见图 4-12。

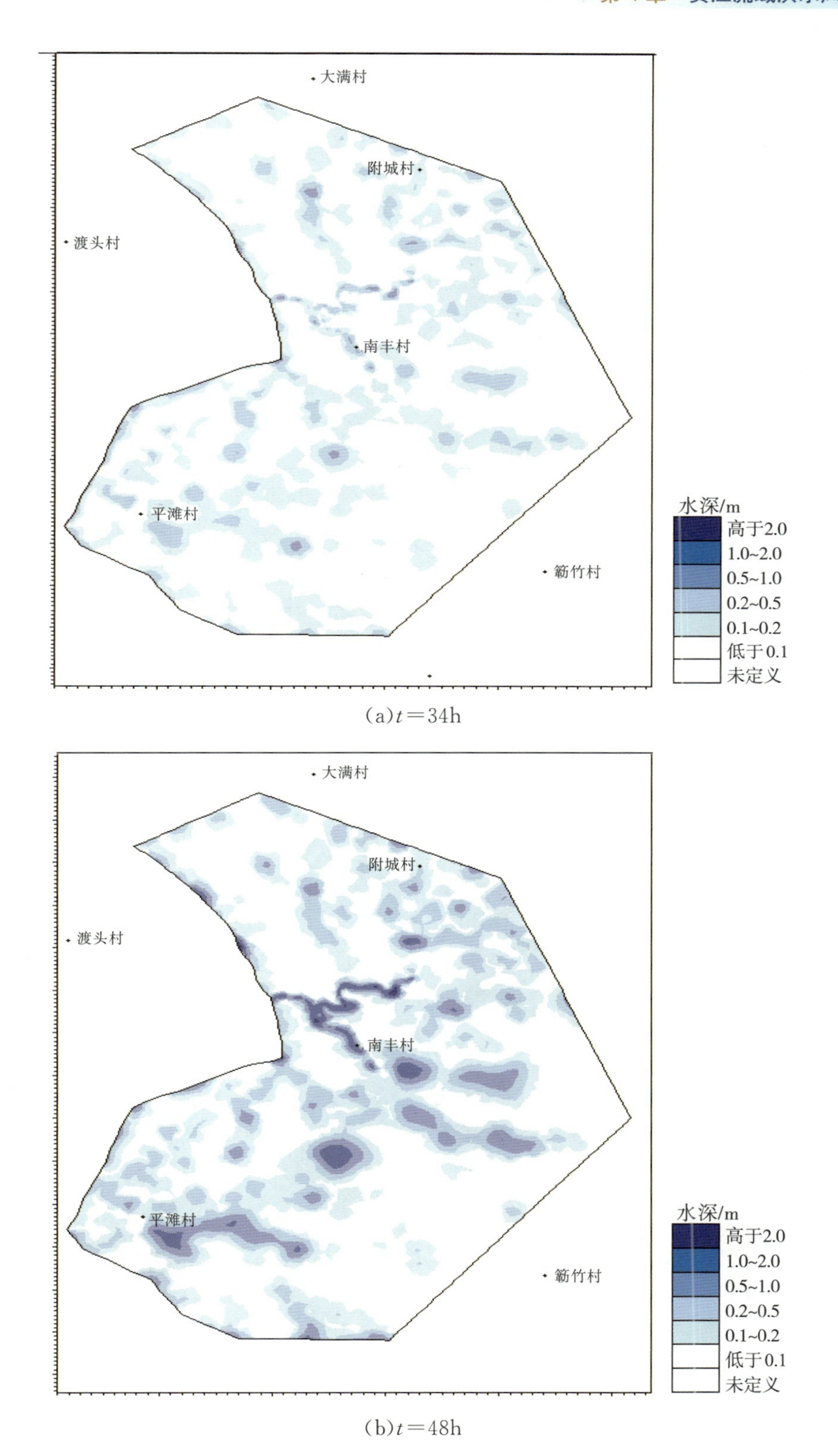

(a) $t=34\text{h}$

(b) $t=48\text{h}$

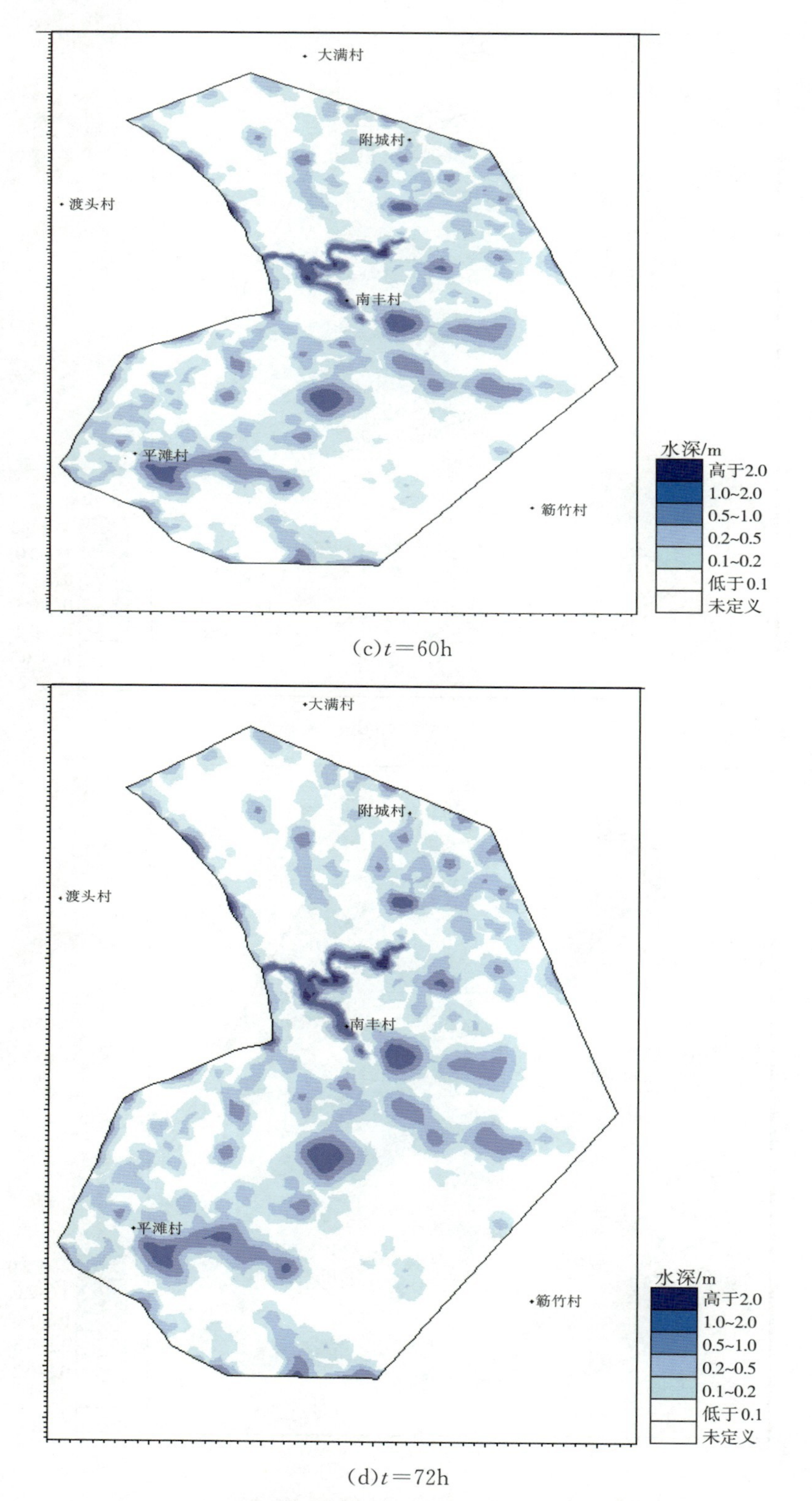

(c)t=60h

(d)t=72h

图 4-12　10 年一遇暴雨时，南丰镇各时段内涝积水过程

由图 4-12 可知，由于保护区内遭遇 10 年一遇暴雨，保护区内的涝水多集中在低洼地带，保护区内淹没面积为 643.5 万 m^2，受灾区平均淹没水深 0.93m。从最大淹没水深成果来看，淹没水深超过 2m 的区域面积为 68.9 万 m^2，淹没水深为 1～2m 的区域面积为 166.5 万 m^2，淹没水深为 0.5～1m 的区域面积为 189 万 m^2，淹没水深为 0.1～0.5m 的区域面积为 219.1 万 m^2。从南丰镇受灾过程来看，受灾区淹没历时为 11～37h，九井河两岸低洼地区受灾时间较长。从受灾区最大水流流速来看，受灾区流速一般不超过 0.05m/s。从淹没历时来看，南丰镇内涝灾害一般持续 1～3d。

4.3.2.4　成果的合理性分析

贺江下游区域强降雨带来的洪水演进和淹没情况没有完整详细的数据记录。而且近十余年来，村镇开发建设进程快，南丰镇、江口镇等区域附近下垫面也出现了较大的变化，因此无法进行二维模型的严格率定和准确验证。

为确保所构模型的可靠性，以保障方案计算结果的合理性和准确性，在整个建模过程中，主要通过对基础数据、模型构建和参数选取 3 个方面进行精细化处理和校核验证来保障模型的可靠性和参数的准确性。

为更好地说明模型的合理性，下面针对各洪水计算方案，从水量平衡、计算过程的流场和淹没情况、同方案不同淹没要素及不同方案同一淹没要素的对比分析等方面入手，同时结合当地防汛专家意见，分析各方案计算模型的合理性和可靠性。

(1)水量平衡分析

为了检查计算成果的合理性，本次以贺江发生 100 年一遇洪水、西江发生 10 年一遇洪水为代表，计算分析围堤保护区累计水量、上游来水、下游出水过程中的关系，见图 4-13。

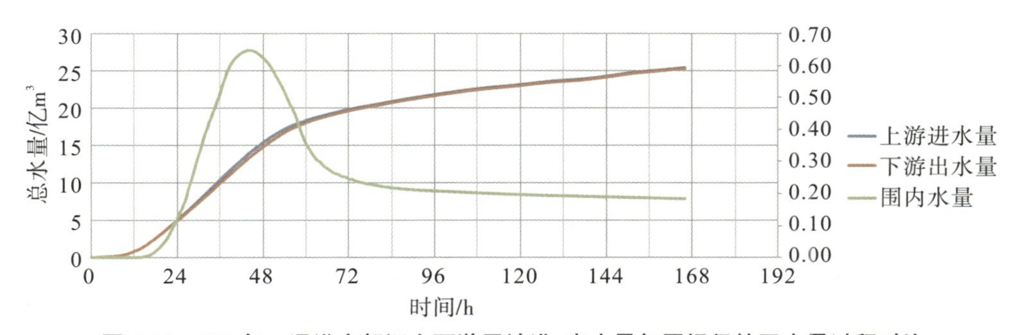

图 4-13　100 年一遇洪水贺江上下游累计进、出水量与围堤保护区水量过程对比

洪水漫堤后，由于围堤内外水位差大，进水量大，堤围内水量也快速增加，并快速向四周扩散。随着进水量增加，围堤保护区水位升高，在局部堤围处，出现堤围内水位高于外江水位，围内向外排水的情况。至计算时段末，围内累计水量为 0.18 亿 m^3，一维模型上游贺江、东安江、九井河等河道累计总流量为 25.43 亿 m^3，贺江河口处河道累计总流量为 25.24 亿 m^3，误差为 0.01 亿 m^3，相对误差小于 0.01%。围堤漫溢过程中最大淹没面积为 52 万 m^2，积水量为 171.96 万 m^3，反算平均淹没水深为 3.31m，这与最大淹没图中大部分区域淹没水深在 2.0m 以上的结论是吻合的。

(2)整体流场分布

对于淹没区域而言，通过计算结果显示的流场分布与 DEM 整体高程比较分析，流场分布均匀一致，流速较大的区域集中在坡度变化大的地方，洪水流动的趋势遵循从高到低的原则，洪水态势较为准确，比较结果见图 4-14、图 4-15(以南丰镇遭遇 100 年一遇贺江洪水为例)。

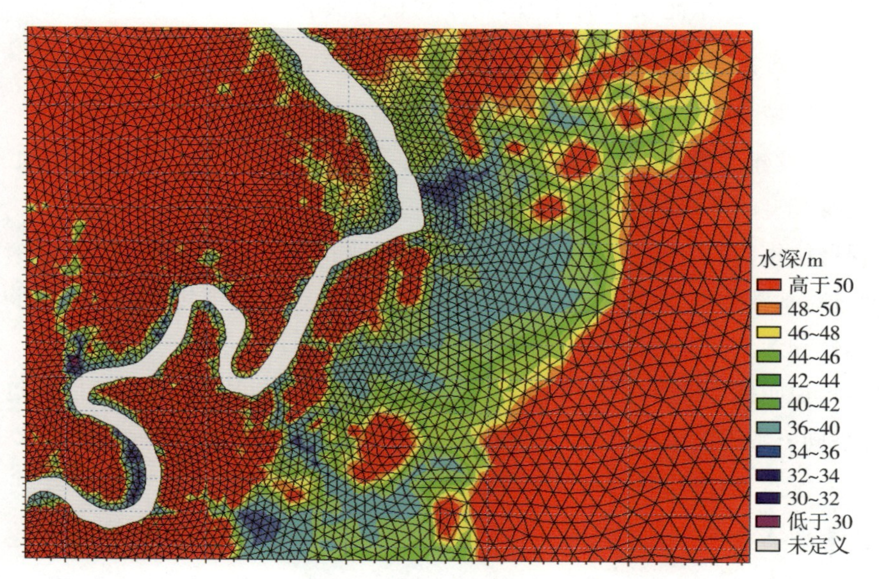

图 4-14　南丰镇 DEM 地形

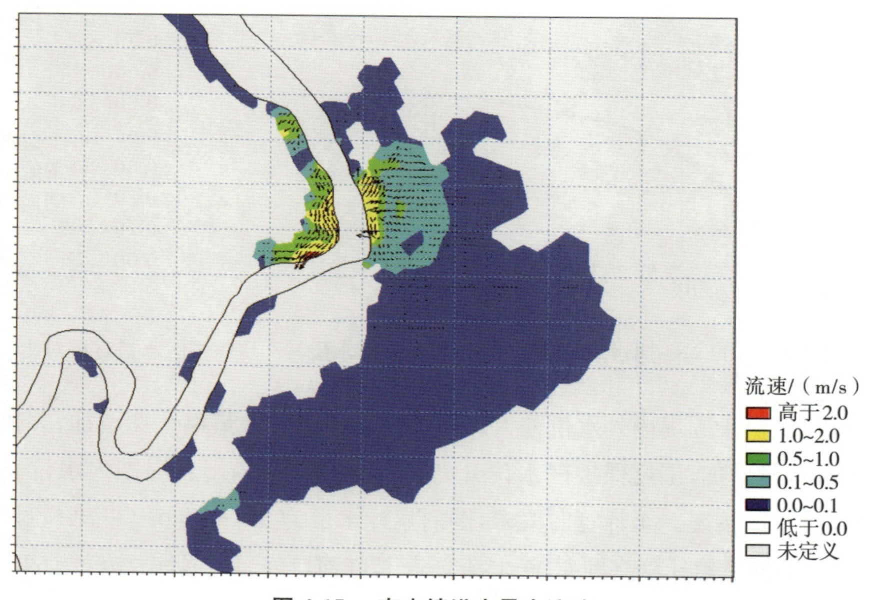

图 4-15　南丰镇洪水最大流速

(3)同一方案风险信息比较

比较 DEM、洪水流速及洪水淹没水深 3 类数据信息，DEM 较低洼地区对应的淹没水深较大，DEM 较高地区对应的淹没水深较小，DEM 由高到低过渡的地区洪水流速较大，初步说明了方案计算的合理性，比较结果见图 4-16 至图 4-18(以贺江下游遭遇 100 年一遇洪水为例)。

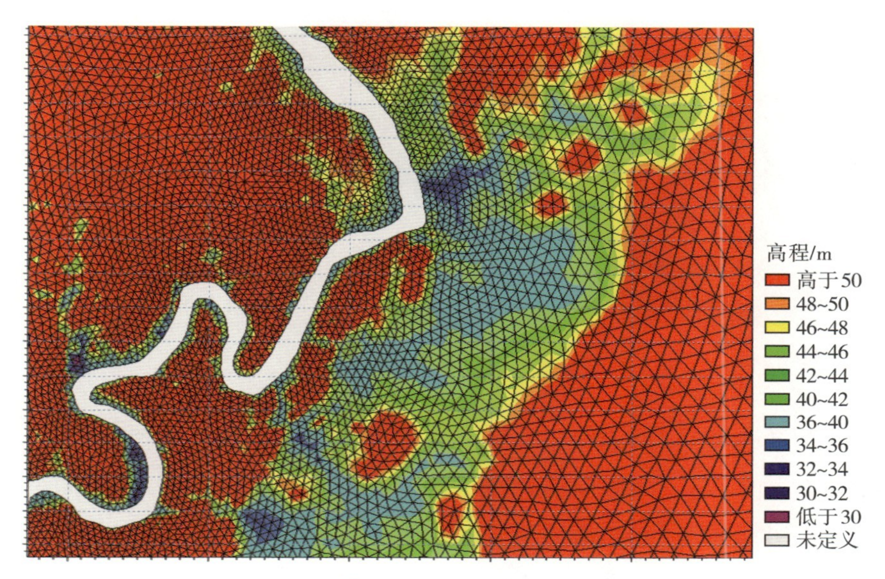

图 4-16　DEM 分布

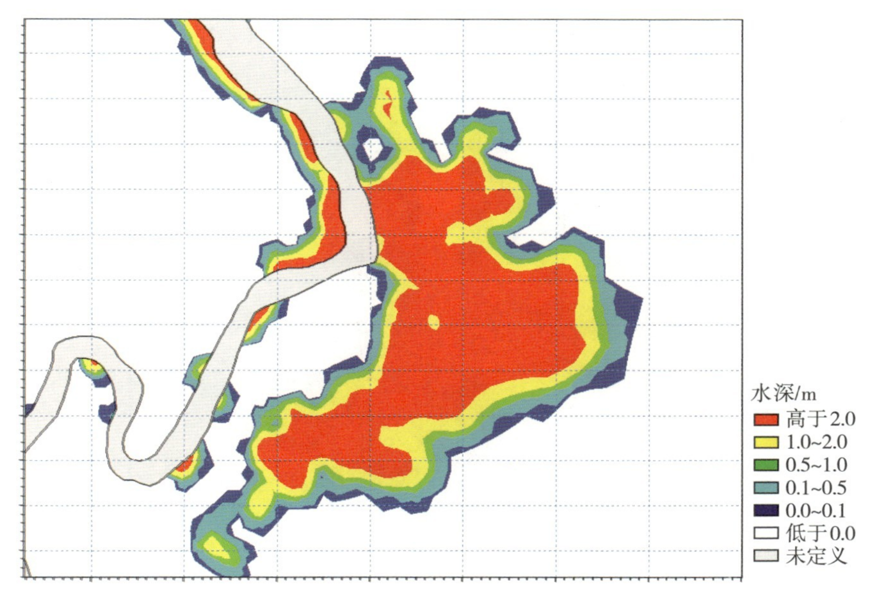

图 4-17　淹没水深分布

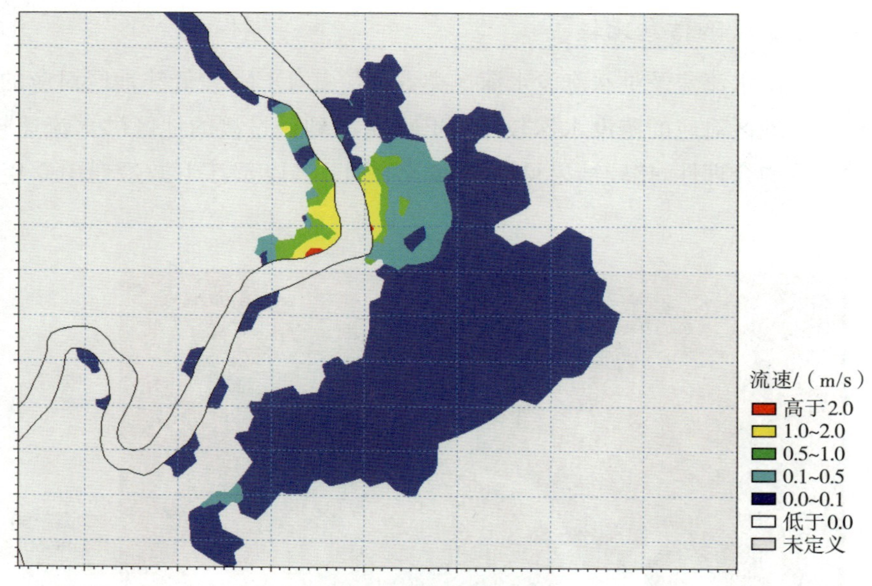

图 4-18　洪水流速分布

(4)不同方案风险信息比较

比较不同方案的同一洪水风险信息，即比较不同方案的洪水流速、淹没水深及洪水前锋到达时间。通过比较贺江下游段遭遇 100 年一遇洪水和 10 年一遇洪水的洪水风险信息，显示同一位置同一时刻 100 年一遇的洪水流速大于 10 年一遇洪水流速，100 年一遇洪水淹没水深略大于 10 年一遇洪水淹没水深，同时，100 年一遇的洪水演进比 10 年一遇洪水演进要快一些，说明模型计算结果较为合理，比较结果见图 4-19、图 4-20。

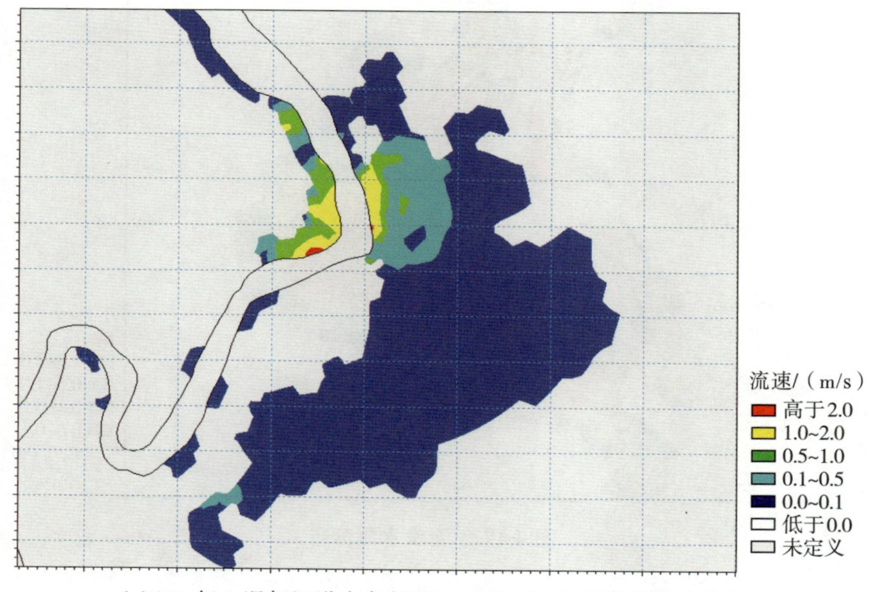

(a)100 年一遇贺江洪水条件下 $t=44\text{h}$ 时，南丰镇内流速分布

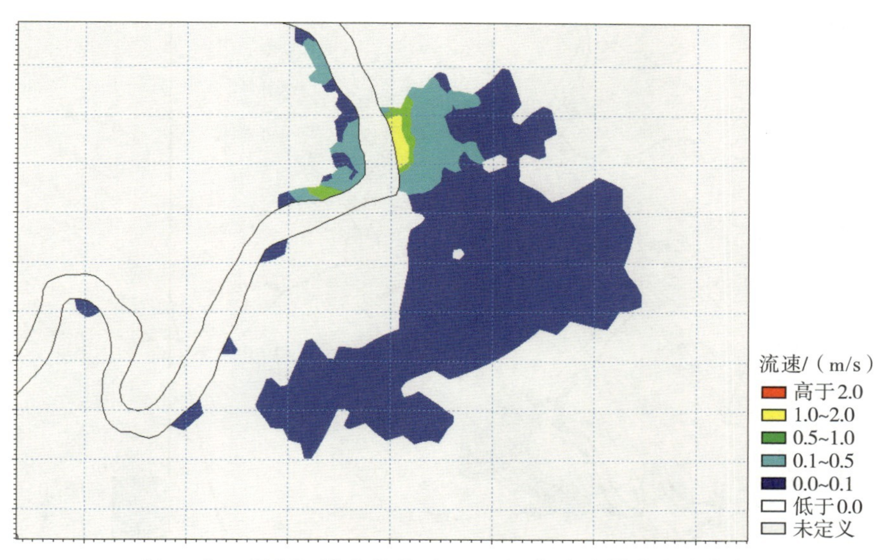

（b）10 年一遇贺江洪水条件下 $t=44$h 时，南丰镇内流速分布

图 4-19　同一位置同一时刻洪水流速比较

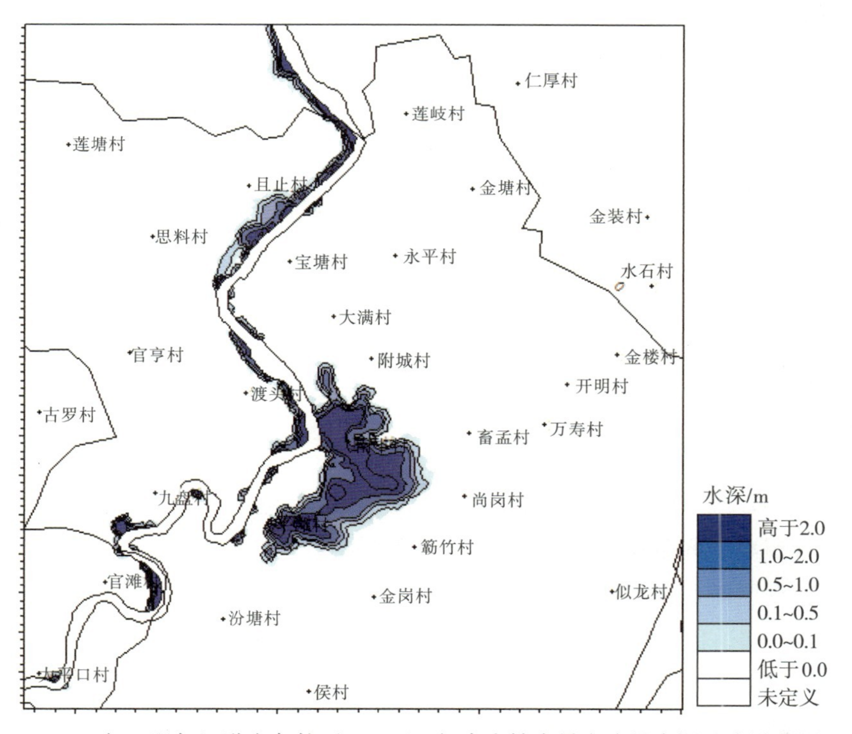

（a）100 年一遇贺江洪水条件下 $t=47$h 时，南丰镇内最大淹没水深及淹没范围

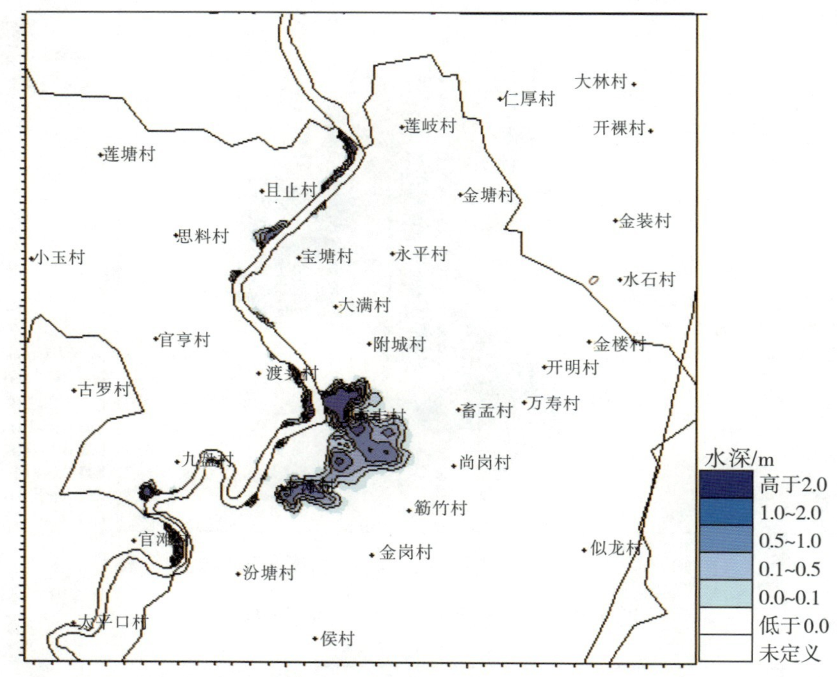

(b)10 年一遇贺江洪水条件下 $t=47$h 时，南丰镇内最大淹没水深及淹没范围

图 4-20　同一位置最大淹没水深比较

4.4　洪水影响分析

依据 4.3 节洪水风险分析得到的淹没范围、淹没水深、淹没历时等要素，叠加淹没区范围内封开县南丰镇、大玉口镇、都平镇、白垢镇、大洲镇、江口镇、渔涝镇基础地理信息和经济社会情况，定量评估贺江下游防洪保护区不同洪水量级的淹没范围、淹没指标等。

4.4.1　洪水影响指标

根据贺江下游防洪保护区社会经济资料收集情况，以封开县 2017 年统计年鉴数据为基础，考虑各统计要素空间分布的差异性，本次洪水影响统计选定两类分析指标选。第一类为受淹没地物，包含受淹居民地面积、受淹耕地面积、受影响公路长度、受影响重点单位及设施个数；第二类为受影响指标，包含受影响人口、受影响 GDP。其中，居民地淹没面积按农村居民地、城镇居民地分类统计，受影响公路按高速公路、国道、省道、县道、乡道分别统计，受影响重点单位按商贸企业、学校、医院分类统计。

4.4.2　洪水影响统计结果

4.4.2.1　淹没范围分析

根据收集到的南丰镇、大玉口镇、都平镇、白垢镇、大洲镇、江口镇、渔涝镇的人口、耕地、

GDP、固定资产等社会经济资料，结合 1∶10000 的居民地、耕地、交通、行政区划图层及各方案的计算结果图层，使用洪水影响评估软件，统计分析得到各方案洪灾影响的统计结果。

结合研究区域内各行政单元（乡镇）的区域划分和二维洪水演进模型网格单元剖分情况，进行不同淹没级别不同行政单元内的淹没面积统计，通过乡镇区域内不同淹没水深网格单元面积的累积得到不同淹没水深下的淹没面积，最后累加得到总的淹没面积。不同水文条件下，按水深统计了研究区的淹没情况，见表 4-6。

表 4-6　各方案淹没水深

方案编号	洪水类型	频率/%	淹没面积/km^2	淹没水深/m				
				0.05～0.5	0.5～1.0	1.0～2.0	2.0～3.0	≥3
1	以贺江洪水为主	50	3.27	0.28	0.45	0.57	0.85	1.12
2		20	5.58	0.64	0.85	1.35	1.09	1.65
3		10	11.81	1.55	1.68	2.65	2.17	3.76
4		5	15.56	1.65	1.75	3.56	3.15	5.45
5		2	16.74	1.75	1.86	3.28	3.25	6.60
6		1	17.21	1.77	1.92	3.36	3.31	6.85
7	以西江洪水为主	50	4.21	0.63	0.62	1.08	0.84	1.04
8		20	7.18	0.75	0.79	1.25	1.87	2.52
9		10	15.83	1.25	1.95	3.25	3.84	5.24
10		5	16.31	1.36	2.02	3.45	4.05	5.43
11		2	17.42	1.48	2.12	3.56	4.32	5.94
12		1	17.56	1.52	2.28	3.85	4.48	6.23
13	以暴雨内涝为主	50	5.98	2.62	1.25	0.88	0.65	0.58
14		20	6.06	2.63	1.26	0.90	0.67	0.60
15		10	6.54	2.68	1.36	1.09	0.72	0.69
16		5	7.39	2.86	1.55	1.39	0.82	0.77
17		2	7.69	2.95	1.58	1.45	0.89	0.82
18		1	8.18	3.05	1.71	1.59	0.97	0.86

注：范围取值包含下限值不包含上限值。

为了更直观地对比各方案的淹没面积，绘制了不同方案的淹没面积对比柱状图，见图 4-21。

(1)最大淹没条件

以上各方案，以贺江洪水为主要水文条件的淹没范围较大，以暴雨内涝为主要水文条件的淹没范围较小。相同的洪水类型不同方案淹没范围最大值均发生在最不利水文条件下，即洪水 100 年一遇、暴雨内涝 100 年一遇。其中，以西江为主要水文条件的 100 年一遇淹没范围最大，受淹面积为 17.56km^2。

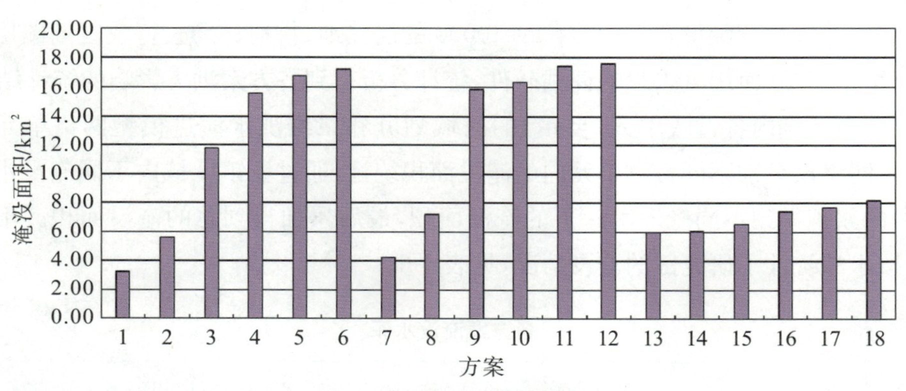

图 4-21　不同方案的淹没面积对比柱状图

(2)不同淹没水深等级受影响面积

在不同淹没水深等级受影响范围中，以贺江洪水为主要水文条件、西江洪水为主要水文条件的方案基本表现为淹没水深 3.0m 以上统计范围内的受影响面积最多，以暴雨内涝为主要水文条件的方案表现为淹没水深 0.05～0.5m 统计范围内的受影响面积最多。

(3)不同量级淹没面积的最大范围

相同洪源方案下淹没总面积随洪涝量级减小(100 年一遇、50 年一遇、20 年一遇、10 年一遇、5 年一遇、2 年一遇洪水或暴雨频率顺序)而递减。

4.4.2.2　受淹地物及受影响指标

使用损失评估软件并结合 GIS 平台将行政区界、耕地、道路、人口图层分别与淹没范围图层进行求交计算后，以乡镇为统计单元得到受淹居民地面积、受淹耕地面积、受影响公路长度、受影响重点单位及设施个数、受影响人口、受影响 GDP 等数据。

(1)受淹地物

受淹地物包含受淹居民地面积、受淹耕地面积、受影响公路长度、受影响重点单位及设施个数。

在不同洪源影响下，各受淹地物的分布规律与受淹面积的分布规律基本一致，各方案受淹地物统计结果见表 4-7 及图 4-22 至图 4-25。

表 4-7　　各方案受淹地物统计

方案编号	洪水类型	频率/%	受淹居民地面积/万 m²	受淹耕地面积/hm²	受影响公路长度/km	受影响重点单位及设施/个
1	以贺江洪水为主	50	192.62	50.74	2.060	7
2		20	312.43	125.81	5.963	10
3		10	431.63	520.46	19.459	19
4		5	519.58	736.80	29.542	22

续表

方案编号	洪水类型	频率/%	受淹居民地面积/万 m²	受淹耕地面积/hm²	受影响公路长度/km	受影响重点单位及设施/个
5	以贺江洪水为主	2	527.78	879.08	37.869	25
6		1	535.78	951.34	44.412	30
7	以西江洪水为主	50	139.19	222.96	25.411	6
8		20	238.95	366.55	27.812	8
9		10	524.88	780.81	30.157	13
10		5	534.23	798.71	32.047	17
11		2	570.60	801.98	35.739	21
12		1	585.99	820.18	36.418	25
13	以暴雨内涝为主	50	123.36	337.66	10.084	2
14		20	133.26	365.96	10.466	3
15		10	147.37	390.39	11.999	5
16		5	159.02	627.43	16.459	9
17		2	168.47	647.78	17.790	34
18		1	175.45	654.38	18.295	45

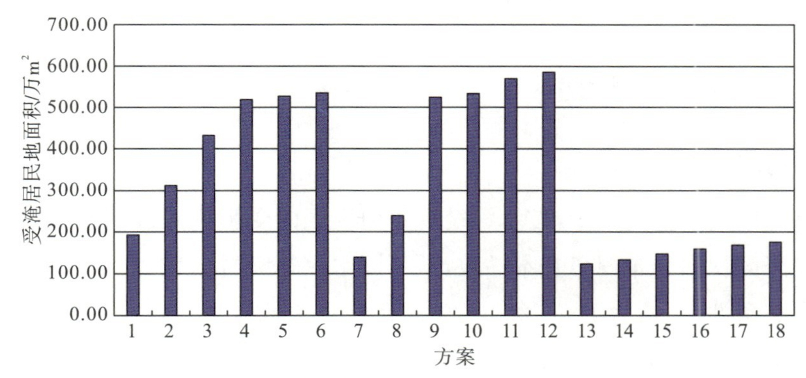

图 4-22　不同方案下受淹居民地面积对比柱状图

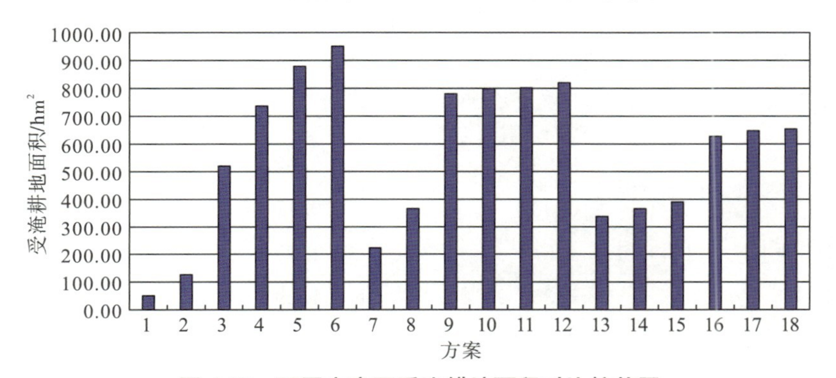

图 4-23　不同方案下受淹耕地面积对比柱状图

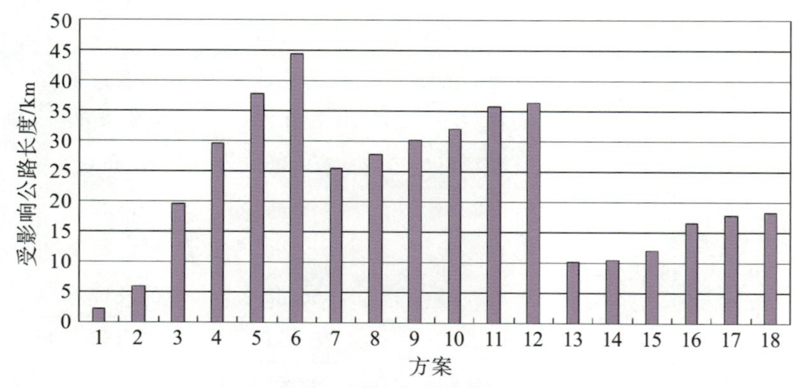

图 4-24　不同方案下受影响公路长度对比柱状图

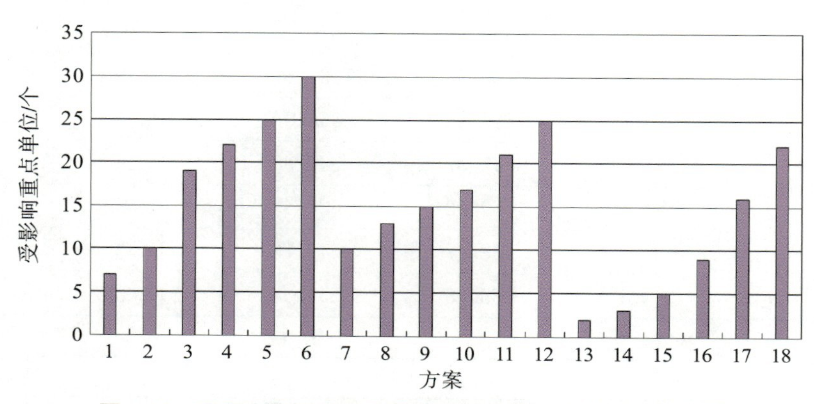

图 4-25　不同方案下受影响重点单位及设施个数对比柱状图

(2)受影响指标

在不同洪源影响计算方案中，按水深统计了研究区的受影响人口情况，受影响总人口的分布规律与受淹面积的分布规律基本一致，从不同水深等级看，以贺江洪水、西江洪水、暴雨内涝为主要水文条件下，均为1.0～2.0m水深等级的受影响人口最多。各方案受影响人口见表4-8，不同方案下受影响人口及淹没面积的关系对比见图4-26。

表 4-8　各方案受影响人口

方案编号	洪水类型	频率/%	受影响人口/万	淹没水深/m				
				0.05～0.5	0.5～1.0	1.0～2.0	2.0～3.0	≥3
1	以贺江洪水为主	50	0.36	0.04	0.02	0.08	0.08	0.14
2		20	0.98	0.20	0.11	0.21	0.13	0.32
3		10	4.67	1.09	1.25	1.27	0.51	0.55
4		5	7.36	0.84	1.29	2.66	1.43	1.14
5		2	8.91	0.36	0.96	2.53	2.87	2.19
6		1	9.81	0.82	0.77	2.07	2.69	3.46

续表

方案编号	洪水类型	频率/%	受影响人口/万	淹没水深/m				
				0.05～0.5	0.5～1.0	1.0～2.0	2.0～3.0	≥3
7	以西江洪水为主	50	2.27	0.20	0.28	0.94	0.51	0.33
8		20	3.62	0.33	0.46	1.45	0.80	0.58
9		10	7.68	0.67	0.96	2.93	1.76	1.36
10		5	7.73	0.64	0.90	2.98	1.69	1.52
11		2	8.13	0.65	0.89	2.96	1.72	1.90
12		1	8.30	0.66	0.91	3.04	1.74	1.95
13	以暴雨内涝为主	50	2.19	0.87	0.65	0.47	0.10	0.10
14		20	2.62	1.07	0.75	0.55	0.12	0.13
15		10	3.15	1.26	0.83	0.77	0.15	0.14
16		5	5.17	2.26	1.25	1.11	0.26	0.29
17		2	5.60	2.24	1.25	1.41	0.40	0.30
18		1	5.92	2.33	1.30	1.46	0.47	0.36

注：范围取值包含下限。

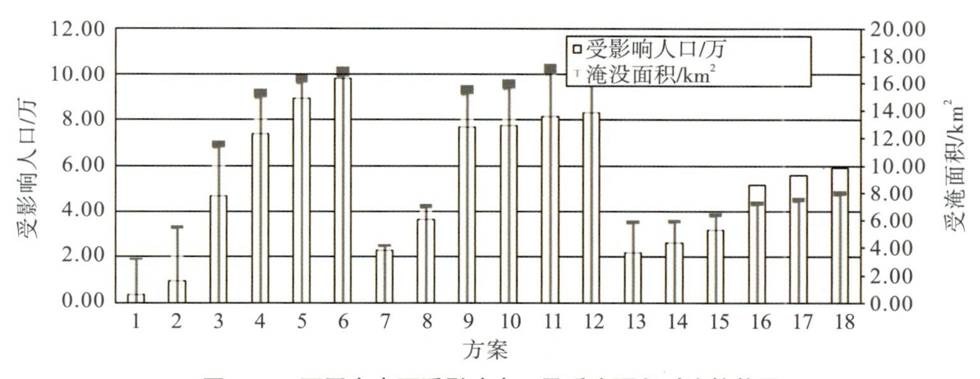

图 4-26　不同方案下受影响人口及受淹面积对比柱状图

3种洪源中，以西江洪水为主要水文条件的影响人口数量最大，各方案影响人口在2万以上；以贺江洪水为主要水文条件的淹没影响次之，各方案受影响人口为0.36万～9.81万，其中受影响人口最多的是1%频率洪水方案；以暴雨为主要水文条件的内涝影响人口最少，各方案影响人口为2万～6万。

不同的洪源影响计算方案中，影响人口数量均呈现出随洪水量级而增大的趋势，其中以贺江为主要水文条件的洪水影响人口数量随量级变化最明显，当贺江发生 $p=50\%$、20%、10%、5%、2%、1%频率洪水时，淹没人口依次为0.36万、0.98万、4.67万、7.36万、8.91万、9.81万。

受影响 GDP 的分布规律与受影响人口的分布规律基本一致。受影响 GDP 统计结果见表 4-9，不同方案下受淹面积及受影响 GDP 对比见图 4-27。

表 4-9　各方案受影响 GDP 统计结果

方案编号	洪水类型	频率/%	受影响GDP/亿元	淹没水深/m				
				0.05～0.5	0.5～1.0	1.0～2.0	2.0～3.0	≥3
1	以贺江洪水为主	50	0.31	0.04	0.03	0.06	0.06	0.12
2		20	0.61	0.11	0.08	0.13	0.08	0.21
3		10	1.36	0.20	0.23	0.33	0.20	0.39
4		5	1.83	0.21	0.21	0.48	0.33	0.59
5		2	2.00	0.17	0.17	0.41	0.45	0.80
6		1	2.08	0.18	0.15	0.34	0.40	1.00
7	以西江洪水为主	50	0.52	0.05	0.06	0.15	0.11	0.15
8		20	0.86	0.08	0.10	0.23	0.17	0.28
9		10	1.85	0.17	0.20	0.48	0.35	0.65
10		5	1.89	0.17	0.20	0.46	0.35	0.71
11		2	1.91	0.18	0.20	0.46	0.35	0.72
12		1	1.92	0.20	0.20	0.44	0.35	0.74
13	以暴雨内涝为主	50	0.55	0.30	0.16	0.07	0.01	0.01
14		20	0.70	0.33	0.21	0.13	0.02	0.01
15		10	0.76	0.31	0.23	0.17	0.04	0.01
16		5	0.86	0.37	0.23	0.18	0.05	0.03
17		2	0.90	0.35	0.24	0.21	0.06	0.04
18		1	0.96	0.36	0.23	0.26	0.06	0.05

注：范围取值包含下限。

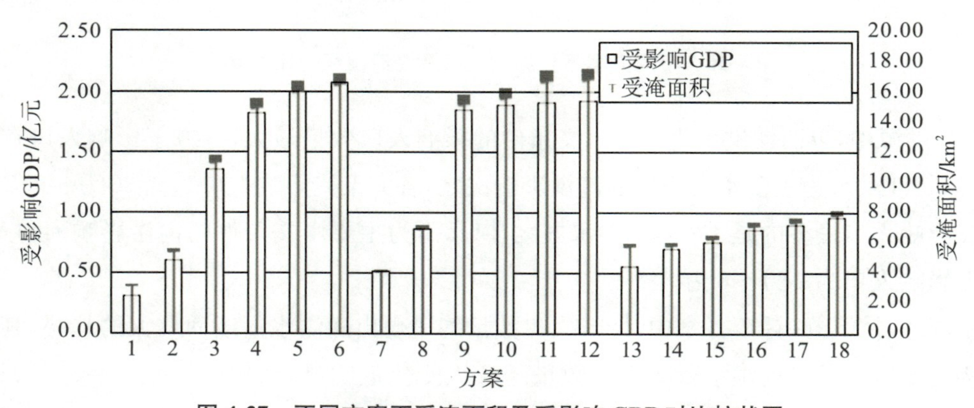

图 4-27　不同方案下受淹面积及受影响 GDP 对比柱状图

3 种洪源中，以西江洪水为主要影响的资产额最大，各方案受影响 GDP 为 0.52 亿～1.92 亿元；以贺江洪水为主要水文条件的淹没影响次之，各方案受影响 GDP 为 0.31 亿～2.08 亿元，其中受影响 GDP 最多的是 1%频率洪水方案；以暴雨为主要水文条件的内涝受影响的 GDP 最少，各方案受影响 GDP 为 0.55 亿～0.96 亿元。

不同的洪源影响计算方案中，受影响 GDP 数额均呈现出随洪水量级而增大的趋势，其中以贺江洪水为主要水文条件的受影响人口数量随量级变化最明显，当贺江发生 $p=50\%$、20%、10%、5%、2%、1%频率洪水时，受影响 GDP 依次为 0.31 亿元、0.61 亿元、1.36 亿元、1.83 亿元、2.00 亿元、2.08 亿元。

4.5　洪水损失评估

洪灾损失评估是对洪水造成的危害程度及损失进行计算评估的过程。本次研究洪灾损失评估计算采用淹没水深—损失率关系法，洪灾损失率反映承灾体的脆弱性，受淹没程度、地区经济类型、资产类别等多种因素影响，其中淹没水深是最重要的影响指标，可通过回归法、类比法等建立淹没水深与各类受淹资产的损失率之间的函数关系，历时和流速作为损失率的修正因素予以考虑。

4.5.1　损失率确定

根据贺江下游经济社会发展现状，结合历史洪涝灾害损失情况及洪灾损失率随时间空间变化的一般规律，并参考中国水利水电科学研究院“洪灾损失评估系统”对各地损失率的前期调研成果，经综合比较分析，建立本次研究区各类承灾体的损失率—水深关系，见表 4-10。

表 4-10　　贺江下游防洪保护区洪灾损失率与淹没水深关系　　（单位：%）

淹没水深/m	家庭财产	家庭住房	农业	工业资产	商业资产	铁路	省道以上公路	省道以下公路
0.05～0.5	1	1	10	4	5	4	3	5
0.5～1.0	3	2	20	10	15	8	10	12
1.0～2.0	7	6	35	25	25	24	27	30
2.0～3.0	10	8	40	32	30	32	36	39
≥3.0	14	12	45	38	35	38	42	45

注：取值范围包含下限值不包含上限值，后同。

4.5.2　分类资产价值

不同类型的承灾体和财产在遭受洪涝灾害时的损失不同。以 2020 年封开县统计数据为基础，辅以对研究区域内的资产分类调查，估算资产数量。将贺江下游防洪保护区的承灾体和财产分为农林牧副渔业、城乡居民财产、工商矿企资产、第二产业、第三产业、重点单位和工程设施等类型。贺江下游防洪保护区涉及行政区分类资产价值见表 4-11。

表 4-11　　贺江下游防洪保护区涉及行政区分类资产价值

区域名称	农林牧副渔					
	种植业产值/万元	林业产值/万元	渔业产值/万元	牧业产值/万元	副业产值/万元	农业产值/万元
南丰镇	53342	8573	4345	13110	535	79905
大玉口镇	11246	4549	2050	3687	148	21680
都平镇	9012	4937	1302	2184	111	17546
白垢镇	13879	3781	1528	3540	163	22891
大洲镇	9010	6664	1068	2401	121	19264
江口镇	12294	7297	2050	4868	178	26687
渔涝镇	18634	3079	1854	2702	168	26347

区域名称	第二产业			第三产业		
	固定资产/万元	流动资产/万元	工业产值/万元	固定资产/万元	流动资产/万元	主营收入/万元
南丰镇	4350	8050	9345	6250	11250	6673
大玉口镇	1758	3325	3650	1900	4250	1825
都平镇	885	1856	2180	1200	2510	1090
白垢镇	5204	8562	9020	4260	7560	4510
大洲镇	1785	3652	4000	3125	5625	2000
江口镇	3652	6625	7500	3450	6520	3750
渔涝镇	6350	11050	12630	5240	9570	5564

4.5.3　损失评估计算结果及分析统计

针对各方案，在确定了受淹程度、经济社会指标及相应洪灾损失率后，利用洪水损失评估模型逐一计算分析洪水影响和直接经济损失。在此基础上，对不同雨洪水文组合条件下洪水损失情况进行综合评估。

根据洪水损失评估模型计算结果，以贺江洪水为主要水文条件各计算方案经济损失统计结果见表 4-12，以西江洪水为主要水文条件各计算方案经济损失统计结果见表 4-13，以暴雨内涝为主要水文条件各计算方案经济损失统计见表 4-14。

表 4-12 以贺江洪水为主要水文条件各计算方案经济损失统计结果 （单位:万元）

方案	居民房屋损失	家庭财产损失	农业损失	工业资产损失	工业产值损失	商贸业资产损失	商贸业主营收入损失	道路损失	合计
方案 1 以贺江洪水为主要水文条件 2 年一遇	4429	2424	24192	4153	815	3871	396	1286	41566
方案 2 以贺江洪水为主要水文条件 5 年一遇	13270	6795	27470	6161	1361	5156	621	3690	64524
方案 3 以贺江洪水为主要水文条件 10 年一遇	30844	12435	21984	6182	1310	5110	600	9473	87938
方案 4 以贺江洪水为主要水文条件 20 年一遇	40672	21305	31763	6496	1278	6353	587	18599	127053
方案 5 以贺江洪水为主要水文条件 50 年一遇	50249	30819	41547	6581	1254	8309	578	26851	166188
方案 6 以贺江洪水为主要水文条件 100 年一遇	56824	36212	47091	7047	1254	9418	576	29942	188364

表 4-13 以西江洪水为主要水文条件各计算方案经济损失统计结果 （单位:万元）

方案	居民房屋损失	家庭财产损失	农业损失	工业资产损失	工业产值损失	商贸业资产损失	商贸业主营收入损失	道路损失	合计
方案 7 以西江洪水为主要水文条件 2 年一遇	38334	19026	31183	6586	3847	6237	1758	17761	124732
方案 8 以西江洪水为主要水文条件 5 年一遇	39531	20885	32518	6380	3740	6504	1713	18800	130071
方案 9 以西江洪水为主要水文条件 10 年一遇	41642	23139	34680	6576	3702	6936	1698	20348	138721

续表

方案	居民房屋损失	家庭财产损失	农业损失	工业资产损失	工业产值损失	商贸业资产损失	商贸业主营收入损失	道路损失	合计
方案 10 以西江洪水为主要水文条件 20 年一遇	43195	24635	36394	6897	3766	7279	1726	21485	145377
方案 11 以西江洪水为主要水文条件 50 年一遇	43395	27840	37566	5210	3109	7513	1481	24351	150465
方案 12 以西江洪水为主要水文条件 100 年一遇	44068	29047	38573	5258	3187	7715	1514	24930	154292

表 4-14　以暴雨内涝为主要水文条件各计算方案经济损失统计表　（单位：万元）

方案	居民房屋损失	家庭财产损失	农业损失	工业资产损失	工业产值损失	商贸业资产损失	商贸业主营收入损失	道路损失	合计
方案 13 以暴雨内涝为主要水文条件 2 年一遇	5599	2874	13272	1793	507	1761	249	3128	29183
方案 14 以暴雨内涝为主要水文条件 5 年一遇	5121	2685	16285	2329	529	2196	260	3182	32587
方案 15 以暴雨内涝为主要水文条件 10 年一遇	6219	3257	16892	2364	526	2255	258	3567	35338
方案 16 以暴雨内涝为主要水文条件 20 年一遇	8039	4165	17836	2786	527	2576	259	5643	41831
方案 17 以暴雨内涝水为主要水文条件 50 年一遇	10115	5229	18737	2878	532	2656	261	6265	46673
方案 18 以暴雨内涝为主要水文条件 100 年一遇	10321	5286	19151	3029	531	2776	261	6644	47999

(1)以贺江洪水为主要水文条件 100 年一遇洪水方案(方案 6)

以贺江洪水为主要水文条件 100 年一遇洪水方案为例进行分析，区域各类经济评估指标总损失 18.83 亿元，由居民房屋损失、家庭财产损失、农业损失、工业资产损失、工业产值损失、商贸业资产损失、商贸业主营收入损失、道路损失构成。在各类损失中，以居民房屋损失所占比例最重，家庭财产损失次之，农业损失排在第三位，最少的是商贸业主营收入损失，见图 4-28。

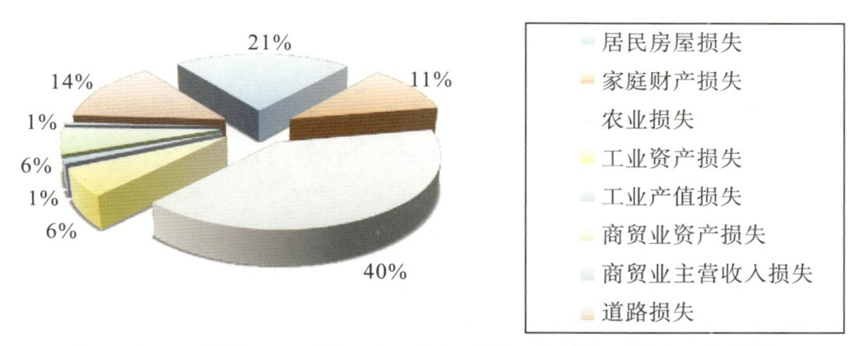

图 4-28　以贺江洪水为主要水文条件 100 年一遇洪水各类损失构成

该方案以南丰镇损失所占比例最大，江口镇次之。在该方案不同淹没水深等级中，以大于或等于 3m 淹没水深等级损失所占比例最重，2～3m 淹没水深等级损失次之，见图 4-29。

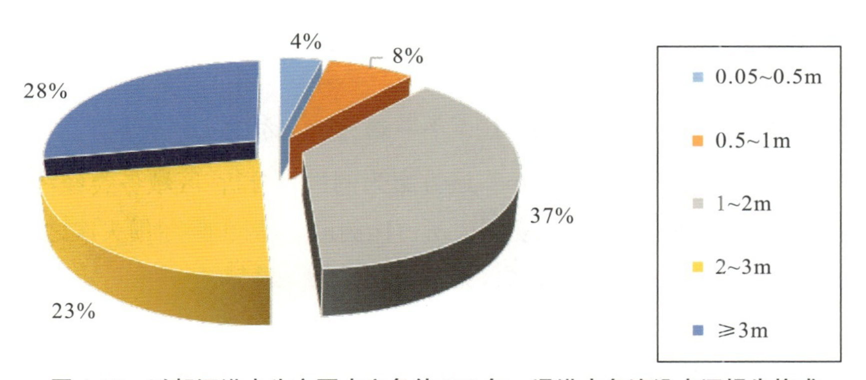

图 4-29　以贺江洪水为主要水文条件 100 年一遇洪水各淹没水深损失构成

(2)以西江洪水为主要水文条件 100 年一遇洪水方案(方案 12)

以西江洪水为主要水文条件 100 年一遇洪水方案为例进行分析，区域各类经济评估指标总损失 15.4 亿元。以居民房屋损失所占比例最重，家庭财产损失次之，农业损失排在第三位，最少的是商贸业主营收入损失，见图 4-30。

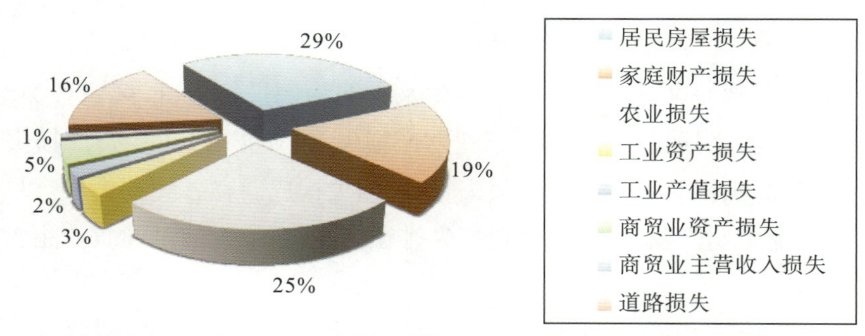

图 4-30　以西江洪水为主要水文条件 100 年一遇洪水各类损失构成

该方案以南丰镇损失所占比例最大，江口镇次之。在该方案不同淹没水深等级中，以大于或等于 3m 淹没水深等级损失所占比例最重，2～3m 淹没水深等级损失其次，见图 4-31。

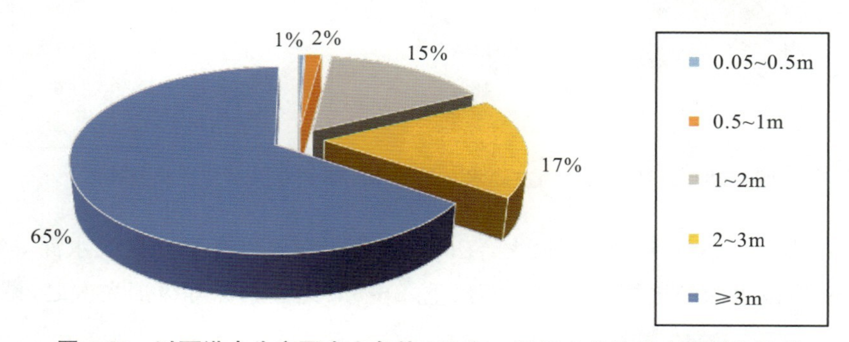

图 4-31　以西洪水为主要水文条件 100 年一遇洪水各淹没水深损失构成

(3)以暴雨内涝为主要水文条件 100 年一遇方案(方案 18)

以暴雨内涝为主要水文条件 100 年一遇方案为例进行分析，区域各类经济评估指标总损失 4.80 亿元。在各类损失中，以农业损失所占比例最重，居民房屋损失次之，道路损失排在第三位，最少的是商贸业主营收入损失，见图 4-32。

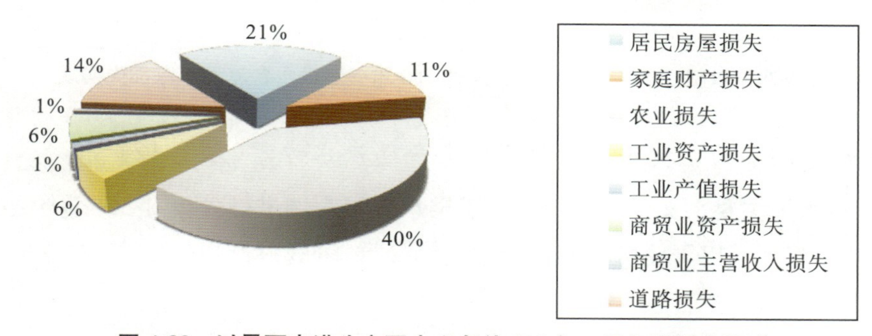

图 4-32　以暴雨内涝为主要水文条件 100 年一遇各类损失构成

该方案以南丰镇损失所占比例最大，江口镇次之。该方案不同淹没水深等级中，以 1～2m 淹没水深等级损失所占比例最重，大于或等于 3m 淹没水深等级损失其次，见图 4-33。

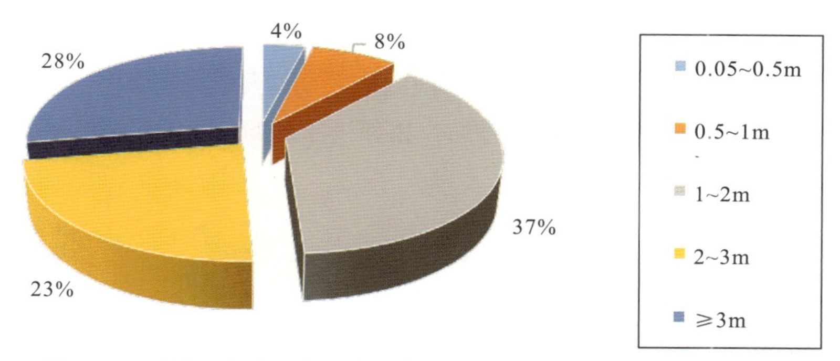

图 4-33　以暴雨内涝为主要水文条件 100 年一遇各淹没水深损失构成

4.5.4　淹没损失综合分析

为了更好地对比分析不同方案的淹没损失情况，绘制了各方案淹没资产及受影响人口对比图，见图 4-34。从这些图中可以看出贺江下游防洪保护区不同方案的淹没损失情况。

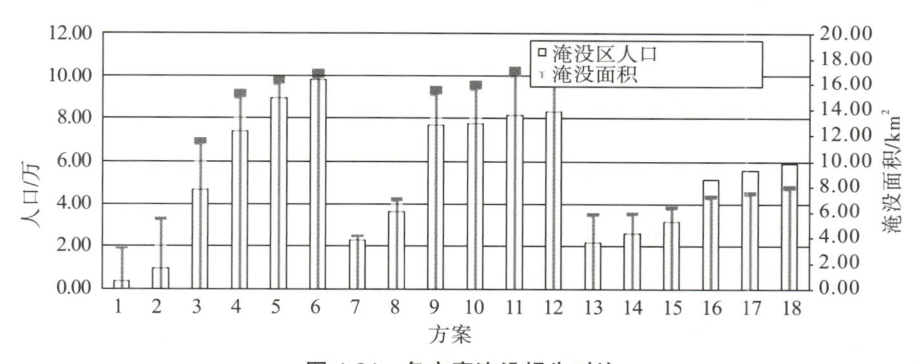

图 4-34　各方案淹没损失对比

（1）不同洪源淹没损失对比

从以上各图可以看出，3 种洪源中，以贺江洪水为主要水文条件损失最大，以贺江西江为主要水文条件损失次之；其中以贺江洪水为主要水文条件的各方案淹没损失为 4.12 亿～18.83 亿元，损失最大的是 1%频率的方案，损失约为 18.83 亿元；以暴雨内涝为影响最小，各方案淹没损失为 2.92 亿～4.80 亿元。

（2）不同量级洪水淹没损失对比

在同一洪源计算方案中，淹没损失数额均呈现随着洪水量级增大而增大的趋势，以贺江为主要水文条件洪水为例，当贺江发生 p=50%、20%、10%、5%、2%、1%频率洪水时，淹没损失依次增大，分别为 4.12 亿元、6.45 亿元、8.79 亿元、12.71 亿元、16.62 亿元、18.83 亿元。同理，以西江洪水为主要水文条件时和以暴雨内涝为主要水文条件时，淹没损失亦随着量级的增大而增大。

以贺江洪水为主要水文条件时，相邻洪水频率间（即洪水 100～50 年一遇、50～20 年一遇、20～10 年一遇、10～5 年一遇、5～2 年一遇）相比，淹没相差最大，大部分减少为 13%～55%；以暴雨内涝为主要水文条件时，相邻暴雨内涝频率间相比，淹没相差次之，大部分减少为 3%～18%；以西江洪水为主要水文条件时，相邻洪水频率间相比，淹没相差最小，大部分减少为 3%～7%。

4.6 小结

本章通过对贺江中下游防洪保护区的洪水风险分析计算，分析了不同洪源不同量级的洪水风险要素，在此基础上统计各计算方案的洪水影响及损失，主要得到以下结论。

①贺江流域下游防洪保护区可能的威胁洪源包括贺江上游洪水、区域内暴雨以及西江下游洪水的顶托。对于洪水量级，参考《洪水风险图编制技术细则（试行）》，分析了 2～100 年一遇 6 个量级。洪源遭遇组合方案中，当以贺江洪水为主要水文条件，发生 100 年、50 年、20 年、10 年一遇洪水时，西江下游洪水采用 10 年一遇设计洪水；贺江发生 5 年、2 年一遇洪水时，西江下游洪水采用与贺江同频。当以西江下游洪水顶托为主要水文条件，西江发生 100 年、50 年、20 年、10 年一遇洪水时，贺江洪水采用 10 年一遇设计洪水，西江发生 5 年、2 年一遇洪水时，贺江洪水采用与西江同频。各组合下支流东安江采用与贺江同频，区内暴雨采用多年平均。当以保护区内暴雨为主要水文条件，保护区内发生 100 年、50 年、20 年、10 年、5 年、2 年一遇暴雨时，贺江洪水采用多年平均洪峰流量，支流东安江采用与贺江同频，外江西江也采用多年平均洪峰流量。

②从洪水影响来看，以西江为主要水文条件洪水的淹没范围最大，以贺江为主要水文条件洪水的淹没范围较大，以暴雨内涝为主要水文条件洪水的淹没范围较小。相同的洪水类型不同方案淹没范围最大值均发生在最不利的水文条件情况下，即洪水 100 年一遇、暴雨内涝 100 年一遇。不同水深等级受影响范围中，以贺江洪水为主要水文条件、以西江洪水为主要水文条件的方案基本以淹没水深 3.0m 以上统计范围内的受影响面积最多，以暴雨内涝为主要水文条件的方案以淹没水深 0.05～0.5m 统计范围内的受影响面积最多。相同洪源方案下淹没总面积随洪涝量级减小而递减。

③从洪水损失来看，不同洪水来源，以贺江为主要水文条件和以西江洪水为主要水文条件洪水的经济损失大于以暴雨内涝为主要水文条件的经济损失，其中，发生 20 年一遇以下以贺江为主要水文条件洪水时对贺江中下游造成的损失小于发生同频率以西江为主要水文条件洪水，但发生 50 年一遇及以上洪水大洪水时，贺江为主要水文条件洪水造成的损失大于西江为主要水文条件洪水造成的损失。这说明西江、贺江发生洪水对贺江下游防洪保护区的影响和损失大于区域暴雨内涝造成的影响和损失，贺江发生 50 年一遇以上大洪水对贺江下游防洪保护区造成的影响和损失大于西江洪水顶托对下游防洪保护区的影响和损失。在同一洪源计算方案中，淹没损失数额均呈现随着洪水量级增大而增大的趋势。

第5章　贺江洪水协同调控技术研究

洪水风险管理指在洪水风险分析的基础上，一般由政府主导，以公平的方式采取综合措施控制和处置洪水风险，以最低的成本实现最大安全保障的决策过程。水雨情监测、洪水预报预警、水工程防灾联合调度、应急抢险、避险转移安置等工作都是洪水风险管理的重要手段，其中，水工程防灾联合调度是最直接的降低洪水风险的有效措施之一。

贺江流域龟石、合面狮等大型水库在流域洪水防御中发挥了重要作用，但由于龟石水库功能是以发电、灌溉为主，调度运行规则未考虑防洪，近年实际开展的防洪调度也没有统一的调度运行方式；合面狮水库调度规则相对明确，但其现状调度规则主要依据上游广西境内河段的防洪能力制定，未考虑下游广东境内河段部分乡镇防洪能力较弱的情况，其调度规则有进一步优化的空间。从增强贺江流域洪水风险调控能力的角度，在确保水库工程自身安全的前提下，研究精准调度龟石和合面狮水库拦洪、削峰、错峰，尽量保障贺州城区等重要保护对象防洪安全，并为中下游地区的避险转移争取时间，尽力减轻洪涝灾害损失，是切实提高流域洪水风险应对能力的关键环节。本章基于贺江下游防洪保护区实时洪水风险评估，综合考虑流域防洪工程体系特点、重要防护对象分布位置以及流域暴雨洪水特性，研究龟石、合面狮水库的联合优化调度方案，支流东安江水库群的调度方案，以及下游都平、白垢和江口3个梯级的调度方案，充分发挥水库的防洪效益。此外，在洪水调度方案研究的基础上，针对贺江流域洪水防御涉及的湖南、广东、广西3地，提出加强非工程措施建设与管理，建立信息沟通交流平台，完善防汛抗旱会商机制和信息共享机制，提高防洪应急管理水平。

5.1　主要保护对象与防洪目标

5.1.1　防洪保护对象

(1)贺江合面狮水库坝址以上河段

贺江合面狮水库坝址以上河段的主要保护对象为贺州市平桂区、八步区、贺街镇。

贺州水文站位于贺州市城区，可作为中上游防洪控制断面。贺州市主城区堤防设防标准略大于20年一遇，相应贺州水文站流量为3130m^3/s。按照堤防现状建设情况，贺州市城区段安全泄量为3130m^3/s。

(2)贺江合面狮水库坝址以下河段

贺江干流合面狮水库坝址以下河段防护对象主要有贺州市八步区信都、铺门镇以及肇庆市封开县的江口、南丰、都平、大洲等镇。

贺江合面狮水库坝址以下河段建有信都、南丰、古榄水文站,均可作为中下游防洪控制断面。据贺州市、封开县防汛部门介绍,在实际防汛工作中,两地均将合面狮水库出库流量作为防汛预案的判断条件,因此,在调度方案分析过程中选择合面狮水库坝址作为防洪控制断面。考虑到古榄站以下江口、大洲等河段主要受西江洪水顶托影响,西江的来水直接关系到贺江下游乡镇防洪安全,因此将贺江江口水位作为防洪参考断面。

根据现状堤防和河道泄洪情况,目前广西贺州市八步区信都镇区段,合面狮水库泄流3600～3800m^3/s时洪水开始上街;铺门镇区段合面狮水库泄流3500m^3/s时洪水开始上街,泄流2700～2800m^3/s时河东村洪水开始上街;广东封开县南丰镇段上街水位36.20m,河道泄流能力为2200～3300m^3/s;大玉口镇段合面狮水库泄流4800m^3/s时洪水上街;都平镇镇区最低点30.50m,合面狮水库泄流3600m^3/s时开始上街,龙窟村最低洼处位于都平电站下游几千米处,都平电站下泄流量1000～1500m^3/s时农田受淹;白垢镇在合面狮水库泄流2500m^3/s、江口水位达到20.00m时,寿山村开始进水;大洲镇洪灾多由西江洪水顶托导致,江口水位达到21.65m时,洪水开始上街;江口镇老城区水位达到18.00m时洪水开始上街。

(3)贺江主要支流东安江

贺江主要支流东安江主要保护对象为苍梧县城。苍梧县城石桥镇新建有石桥水文站。大型水库爽岛水库位于东安江支流大平河上,水库保护对象有苍梧县犁埠镇和木双镇,除大平河汇入东安江处的低洼地(涉及村庄和农田)安全泄量为1000m^3/s左右外,其他均在1550m^3/s以上。

5.1.2 防洪调度目标

贺江合面狮水库坝址以上河段防洪目标为:20年一遇以内洪水充分利用河道行洪,合理利用龟石水库拦洪削峰,减轻薄弱地带防洪压力;20年一遇以上洪水充分发挥龟石水库拦洪削峰作用,力保贺州市城区等重要防护对象安全,及时组织防洪薄弱区域人员撤离。

贺江合面狮水库坝址以下河段防洪目标为:发生5年一遇洪水时,通过合面狮水库调度减轻下游地区防洪压力;发生5年一遇以上洪水时,合理利用龟石、合面狮等水库联合调度,为下游争取转移避险时间,减少贺江中下游地区淹没损失。

5.2 调度水库的选择及可行性分析

5.2.1 调度水库的选择

目前,贺江干流已建龟石、龙井、升平、城厢、羊头、黄石、芳林和贺江、厦岛、合面狮、云腾度、都平、白垢和江口 13 级电站，支流大宁河建有石门桥、柳杨等电站，支流东安江上建有爽岛、西中等电站。其中龟石、合面狮、爽岛水库为大型水库，龟石具有多年调节性能，合面狮具有季调节性能，其余均为无调节或日调节性能。

龟石水库作为贺江上游的控制性工程，控制贺州市 51%集雨面积，水库调节对下游贺州市等保护对象具有重要的作用，在 1994 年、2002 年、2008 年等历年大洪水中，水库通过削峰、错峰，为保护下游的贺州市城区、平桂管理区等城镇的防洪安全发挥了重要作用。

合面狮水库位于贺江中游龙会村水口寨，坝址控制集雨面积 6260km^2，对贺江中上游型洪水具有调节作用，水库下游贺州八步区信都、铺门镇以及肇庆封开县南丰、大玉口、都平、白垢等镇防汛均将合面狮出库流量作为判断条件。

爽岛水库位于梧州市苍梧县梨埠镇西北约 11km 处的爽岛峡谷，贺江支流东安江太平河下游，水库集雨面积 588km^2。爽岛水库控制断面以下保护对象有苍梧县犁埠镇和木双镇，除大平河汇入东安江处有几户人家和十几亩农田安全泄量为 1000m^3/s 左右外，其他均在 1550m^3/s 以上。对“1994·7”典型洪水采用一维水动力数学模型分析东安江不同来水对贺江下游主要乡镇水位影响，见表 5-1。从表中数据可知，不同东安江来水对贺江下游水位影响主要在都平镇以下，东安江每增加 500m^3/s，白垢镇最多增加 4cm，大洲镇最多增加 24cm，江口镇最多增加 5cm。由以上分析可知，贺江下游洪水主要受西江洪水顶托影响，东安江水库调度对贺江干流洪水影响作用有限，爽岛水库的防护对象主要为东安江上的犁埠镇和木双镇。

表 5-1 东安江不同来水对贺江下游沿岸城镇影响水位分析

东安江洪峰/(m^3/s)	都平镇/m	白垢镇/m	大洲镇/m	江口镇/m
500	31.41	25.60	20.87	19.68
1000	31.41	25.62	21.09	19.72
1500	31.41	25.65	21.31	19.77
2000	31.42	25.69	21.54	19.82
2500	31.42	25.73	21.78	19.87

综上所述，考虑到贺江洪水特点、工程布置特点及水库调洪能力，选择龟石水库、合面狮水库作为贺江干流洪水调度水库。同时贺江干流南丰以下分布着都平、白垢、江口等梯级，一旦都平等梯级电站调度不当，库区壅水可能造成南丰等镇洪水上街。本次研究为都平、白垢、江口梯级的联合调度，尤其是分析西江发生洪水时，为避免壅水对上游造成影响的调度方式。

5.2.2 水库防洪调度可行性分析

(1)龟石水库

根据《广西贺州市龟石水库除险加固工程初步设计报告》,水库特征水位调洪计算从正常蓄水位182.00m开始起调。龟石水库淹没土地征用以正常蓄水位182.00m加上2年一遇的洪水回水高程计算,人口迁移以正常蓄水位182.00m加上20年一遇的洪水回水高程计算。

考虑尽量降低水库工程防洪风险,在日常防洪调度运用中,可根据实际情况使用182.00m以下库容调洪。汛限水位181.00~182.00m的调节库容为0.46亿m^3,180.50~182.00m的调节库容为0.68亿m^3。

(2)合面狮水库

根据《广西梧州地区合面狮工程扩大初步设计说明书》,水库特征水位调洪计算从正常蓄水位88.00m开始起调。合面狮水库淹没搬迁标准按照正常蓄水位88.00m加上5年一遇洪水计算淹没耕地和设计防护堤,按照正常蓄水位88.00m加上20年一遇洪水计算搬迁人口。

考虑尽量降低水库工程防洪风险,在日常防洪调度运用中,可根据实际情况使用88.00m以下库容调洪。汛限水位86.00~88.00m调洪库容为0.33亿m^3。

5.3 干流洪水调度方案研究

5.3.1 现状调度方案及调洪效果分析

5.3.1.1 现状调度方案

(1)龟石水库

龟石水库建成后在历年洪水调度过程中发挥了重要的作用。根据《贺州市龟石水库调度运用方案》,现状调度方式为:在确保工程安全的前提下,尽量发挥水库的调蓄作用,力求少留专门调洪库容,减少无益弃水,最大限度地发挥水库兴利与防洪的综合效益。发电服从于灌溉供水,灌溉供水服从于防洪,水库泄洪与下游河道发生矛盾时,下游河道服从于水库安全。

①主汛期水库水位严格控制在汛限水位181.00m以下,后汛期控制在182.00m以下,以保证水库度汛安全。

②在保证水库安全的前提下,尽可能调控下泄水量,以利于下游防洪。

③水库泄洪以水位判别法为主,采用汛限水位、防洪高水位和校核洪水位3级控制的调洪规则。在水库泄洪与下游河道发生矛盾时,下游河道必须服从水库防洪安全。

④主汛期水库运用水位保持在汛限水位以下运行，当入库流量大于 1000m³/s 时，改按以保坝为主，兼顾上下游度汛的原则，加大泄流量的方式进行调度。泄洪调度由贺州市防汛抗旱指挥部调度指挥。

(2)合面狮水库

按照《合面狮水库调度规程》，合面狮水库主要任务是保障合面狮水库大坝安全以及下游信都、铺门、南丰镇的安全。遇超标准洪水，应首先保障大坝安全，并尽量减轻下游的洪水灾害。洪水调度方案如下：

1)小流量级别洪水

当入库流量小于 2500m³/s 时，采用一般汛情应急调度，按照上级防汛部门批准的汛期运用计划进行水库调度。

2)5 年一遇以内洪水

在汛期上游未发生 5 年一遇以上洪水时，库水位不应超过防洪限制水位运行，并按以下原则调度：

①当水库遇到一般较小洪水，库水位在汛限水位以下时，原则上按发电调度，不弃水。

②当水库在后汛期防洪限制水位附近时，应联系调度中心，以水轮机最大过水能力发电，保持水位在防洪限制水位以下；如入库流量继续增大，且其值小于下游安全泄量时，原则上按来水安排泄流，即来多少水泄多少水，保持库水位平稳(出库流量应包括水轮机的过水流量)。

③排洪期间，水库调度值班人员应及时掌握水库上游流域的雨水情，在雨水情发生变化时，及时调整调度方案。

④当 $2000\text{m}^3/\text{s}>Q_入>1000\text{m}^3/\text{s}$ 时，库水位在 86.00m 以下，原则上按来水调度；如上游已有较大雨情，入库呈现增大趋势，此时应在原有的基础上逐步加大下泄流量 $q_泄$，$Q_入<q_泄$，下调库水位，以迎接洪峰的到来，发挥水库调洪作用。

⑤当入库流量 Q 继续增大，$3000\text{m}^3/\text{s}>Q_入>2000\text{m}^3/\text{s}$ 时，库水位仍在汛限附近，上游普降大到暴雨，洪峰流量未现，此时应在原排放量的基础上加大下泄流量，使库水位以较快的速度下降，腾出部分库容，迎接洪峰的到来，但下泄流量仍控制在 3000m³/s 以内。

⑥当入库流量 Q 继续增大，$3600\text{m}^3/\text{s}>Q_入>3000\text{m}^3/\text{s}$ 时，预测洪峰将现，推算最高库水位不超过 88.20m 时，应控制下泄流量不超过 3000m³/s，使库水位缓慢上涨，利用水库防洪库容，发挥水库拦蓄洪水，削减洪峰的作用。此时应按照本年度《合面狮水库防洪抢险应急预案》的要求交贺州市防汛指挥部调度。

3)大洪水或设计、校核洪水

对遭遇大洪水或设计、校核洪水时，根据《合面狮水库防洪抢险应急预案》的要求应由市防汛办或自治区防汛办进行调度，电厂值班人员应注意以下要求并适时向市防汛办提出调度方案。

合面狮水库发生洪水时，按洪水可能造成的水库险情，应急响应行动从低到高依次分为Ⅳ级、Ⅲ级、Ⅱ级、Ⅰ级。

Ⅳ级应急响应：水库下泄洪水流量达到2500m^3/s；

Ⅲ级应急响应：水库下泄洪水流量达到或超过3000m^3/s；

Ⅱ级应急响应：水库下泄洪水流量达到4320m^3/s；

Ⅰ级应急响应：水库下泄洪水流量超过设计洪水6700m^3/s。

①当水库拦蓄洪水，库水位为86.00～87.00m，且$Q_入$大于3000m^3/s时，应将下泄流量控制在3000m^3/s以内，并将水情通知有关单位及领导。值班人员应密切注意流域的雨水情变化，并根据雨水情变化情况及时调整调度方案并上报。

②当水位接近或超过87.50m，$Q_入>3000m^3/s$时，在顾及上、下游安全的同时，适当加大下泄流量$q_泄$（$q_泄>3000m^3/s$），防汛有关人员密切注意大坝运行情况。

③当水位接近或超过设计洪水位，且$Q_入\geqslant5000m^3/s$时，洪峰未现，此时为了确保大坝的安全，不再考虑上、下游防洪要求，视$Q_入$的大小，逐渐加大下泄流量，直至六孔闸门及发电涵洞等闸门全开为止。此时全体防汛人员（包括电厂其他单位人员）应到位，对大坝严密监视，并做好各种抢险准备。

④当水库泄洪设备全部开启，库水位仍在上涨，推算最高水位超过89.02m以上时，必须采取紧急泄洪措施，以确保大坝安全。

5.3.1.2 调洪效果分析

(1)龟石水库现状调度方案

现状贺州中上游防洪调度主要依靠河道行洪，在发生洪水时视情况启动龟石水库调洪。龟石水库现状调度规则主要是利用汛限水位以下库容调洪，龟石水库水位在汛限或以上时就不再拦洪，但实际上在近些年的防汛调度中，汛情紧张时，在防洪风险可控的情况下，龟石水库在动用汛限水位以上库容调洪取得了良好的防汛效果。如表5-2所示，5场洪水水库调度削峰544～2306m^3/s，削峰率为52%～86.7%，最高调洪水位调到了182.75m，调洪效果显著。

(2)合面狮水库现状调度方案

合面狮水库自2000年以来较大场次洪水调度效果分析见表5-3。根据合面狮现状调度规则对9场设计洪水过程线进行调洪计算，合面狮水库现状调度规则调度效果分析见表5-4，调洪过程见图5-1至图5-3。

表5-2　　场次洪水龟石水库调度效果分析

降雨开始时间	洪水历时/d	降雨总量/mm	最大入库洪峰流量/(m³/s)	洪水总量/亿m³	水位/m		调度			调度效果	
					起涨	最高	最大下泄流量/(m³/s)	拦蓄水量/亿m³	泄洪水量/亿m³	削峰/(m³/s)	削峰率/%
1994年7月21日	7	518.7	2016	3.43	181.72	182.32	1002	0.65	2.78	1014	50.2
1998年5月19日	3	283.5	2460	1.27	179.61	181.41	398	0.45	1.72	2062	83.8
2008年6月11日	7	345.3	2660	2.29	174.57	181.38	354	1.61	0.68	2306	86.7
2013年8月19日	8	506.6	1250	3.28	179.00	182.10	600	1.76	1.52	650	52.0
2015年11月7日	10	330.0	1582	3.54	181.30	182.75	1038	0.13	3.41	544	34.3

表5-3　　合面狮水库自2000年以来较大场次洪水调度效果分析

年度	最大洪峰/(m³/s)	发生时间	上游水位/m	下游水位/m	最大泄洪/(m³/s)	发生时间	上游水位/m	下游水位/m
2002	6244	7月2日4时	88.48	60.19	5430	7月2日10时	89.03	60.94
2003	1995	4月20日17时	86.30	55.25	1524	5月24日13时	85.32	55.87
2004	2501	5月13日3时	85.73	57.10	1788	5月13日1时	85.57	57.10
2005	2998	6月22日18时	85.72	57.56	2332	6月24日8时	86.21	56.20
2006	4262	7月16日18时	87.54	59.11	3886	7月16日19时	87.46	59.54
2007	2051	6月9日19时	86.08	56.48	1486	6月13日20时	86.10	56.90
2008	3831	6月13日19时	86.89	58.89	2940	6月13日20时	87.00	58.93
2009	1655	5月20日18时	86.06	56.55	1086	5月20日18时	86.06	56.55
2010	3811	6月15日3时	86.41	57.87	2904	6月15日9时	87.58	58.70
2011	3661	5月8日24时	86.65	58.25	2530	5月8日24时	86.65	58.25
2012	4678	6月23日18时	87.43	59.70	3741	6月23日23时	87.78	59.79
2013	4364	8月17日13时	88.48	59.58	3958	8月17日15时	88.42	59.90
2014	2821	5月22日21时	84.64	57.29	1876	5月22日23时	84.95	57.36
2015	2879	5月23日18时	86.85	57.73	2353	5月24日1时	87.32	57.98
2016	3247	5月20日19时	86.20	57.80	2443	6月13日17时	85.08	58.25

表 5-4 合面狮水库现状调度规则调度效果分析

序号	年型	重现期	入库流量/(m^3/s)	最低运行水位/m	最低运行库容/亿 m^3	最高运行水位/m	最大库容/亿 m^3	动用库容/亿 m^3	出库流量/(m^3/s)	削峰/(m^3/s)	削峰率/%
1	1994	20 年一遇	5070	85.41	1.93	87.03	2.19	0.26	4717	353	7.0
2	2002	20 年一遇	5070	85.49	1.94	87.14	2.20	0.26	4642	428	8.4
3	2008	20 年一遇	5070	84.34	1.78	87.27	2.23	0.45	4716	354	7.0
4	1994	10 年一遇	4360	84.77	1.83	86.29	2.07	0.23	4020	340	7.8
5	2002	10 年一遇	4360	85.21	1.90	86.28	2.07	0.17	3976	384	8.8
6	2008	10 年一遇	4360	84.82	1.84	86.49	2.10	0.26	4041	319	7.3
7	1994	5 年一遇	3600	85.36	1.92	86.27	2.06	0.14	3000	600	16.7
8	2002	5 年一遇	3600	83.89	1.71	86.00	2.02	0.31	3000	600	16.7
9	2008	5 年一遇	3600	85.17	1.89	86.05	2.03	0.14	3000	600	16.7

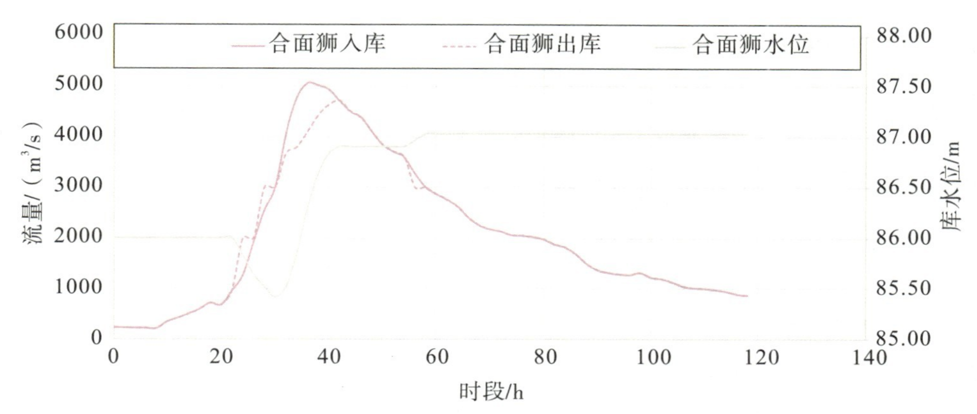

图5-1　合面狮水库现状调度方案1994年型20年一遇调洪过程

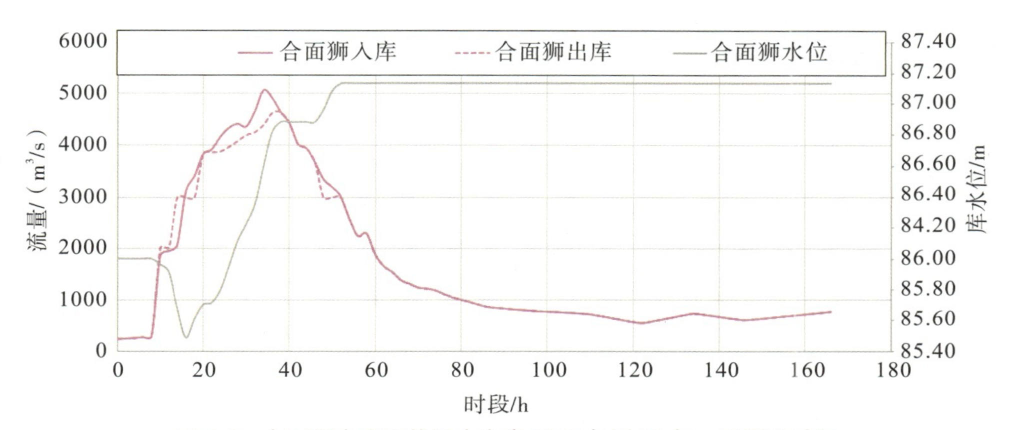

图5-2　合面狮水库现状调度方案2002年型20年一遇调洪过程

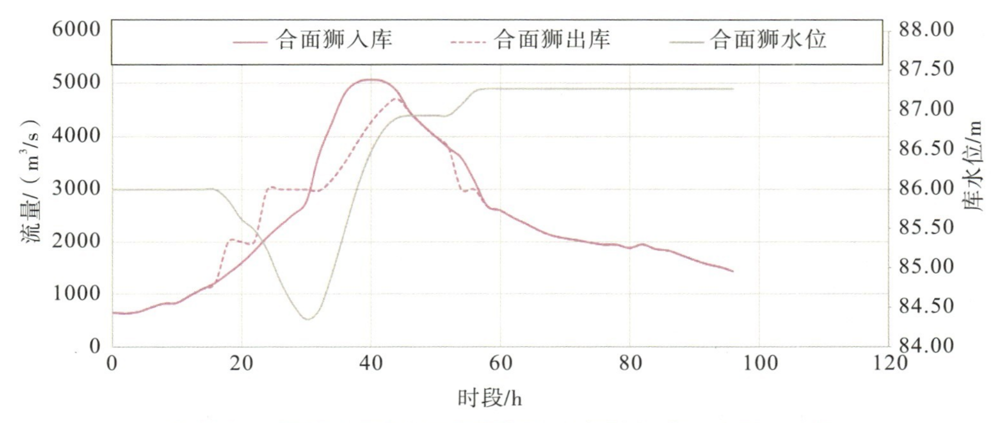

图5-3　合面狮水库现状调度方案2008年型20年一遇调洪过程

现状调度规则下，合面狮水库可将20年一遇洪水由5070m³/s削减至4640～4720m³/s，削减流量350～430m³/s；可将10年一遇洪水由4360m³/s削减至3976～4041m³/s，削减流量319～384m³/s；可将5年一遇洪水由3600m³/s削减至3000m³/s，削减流量600m³/s。

5.3.1.3 存在的问题

自建成以来，龟石水库在流域洪水防御中发挥了巨大的防洪效益，但由于建设初期水库功能以发电为主、灌溉为次，调度运行规则也未考虑防洪任务，近年实际开展的防洪调度中没有统一的调度运行方式，难以充分发挥防洪效益，为提高下游贺州市的防洪能力，有必要对龟石水库的调度规则进行优化分析。

合面狮水库现状调度规则相对完善，在以往贺江中下游防洪调度中发挥了显著的防洪作用。合面狮水库现状调度规则主要依据贺江广西段的防洪能力制定，贺江广东段部分乡镇防洪能力较弱，考虑广东段防洪情况后合面狮水库调度规则有进一步优化的空间。

5.3.2 优化调度方案及调洪效果分析

5.3.2.1 优化调度方案拟定

(1)龟石水库优化调度方案

1)基本方案

水利部批复的《贺江流域综合规划》推荐龟石水库预留防洪库容 6740 万 m^3，防洪起调水位 180.50m，防洪高水位采用正常蓄水位 182.00m，并拟定了龟石水库调整功能后防洪调度规则，见表 5-5。目前，龟石水库下游钟山县、贺州城区堤防均采用龟石水库功能调整后的设计洪水来建设，将该方案作为基本方案进行比较分析。

表 5-5 龟石水库基本方案

判别条件	贺州站洪水/(m^3/s)	龟石入库流量/(m^3/s)	龟石下泄流量/(m^3/s)
贺州水文站涨水或 $Q_{贺州} \geqslant 2500m^3/s$ 时	$Q \geqslant 2500$	$Q < 100$	$Q_{入库}$
		$100 \leqslant Q < 1000$	100
		$Q \geqslant 1000$	1000
	$Q < 2500$	$Q < 1100$	$Q_{入库}$
		$Q \geqslant 1100$	1100
贺州水文站退水且 $Q_{贺州} < 2500m^3/s$ 时	$Q < 2500$	$Q < 1000$	1000
		$Q \geqslant 1000$	$Q_{入库}$
库水位≥182.0m			敞泄(不大于天然)

2)龟石水库优化调度方案一

考虑到目前龟石水库汛限水位为 181.00m，本方案按照汛限水位 181.00m 起调，利用 181.00～182.00m 的调洪库容调洪，分析调洪作用，调度规则采用《贺江流域综合规划》中推荐的调度规则，见表 5-6。

表 5-6　　　　　　　　　　　　　龟石水库优化调度方案一

判别条件	贺州站洪水/(m^3/s)	龟石入库流量/(m^3/s)	龟石下泄流量/(m^3/s)
贺州站涨水或 $Q_{贺州}\geqslant 2500m^3/s$ 时	$Q\geqslant 2500$	$Q<100$	$Q_{入库}$
		$100\leqslant Q<1000$	100
		$Q\geqslant 1000$	1000
	$Q<2500$	$Q<1100$	$Q_{入库}$
		$Q\geqslant 1100$	1100
贺州站退水且 $Q_{贺州}<2500m^3/s$ 时	$Q<2500$	$Q<1000$	1000
		$Q\geqslant 1000$	$Q_{入库}$
库水位≥182.00m			敞泄(不大于天然)

3)龟石水库优化调度方案二

贺江平桂区目前较为薄弱的地方为平桂区祥和大桥下游左岸有一段未建堤防，河道安全泄量为 800～900m^3/s，优化方案一未加以考虑，因此，优化方案二贺江干流龟石—平桂河段安全泄量 800m^3/s，龟石水库防洪调度规则调整见表 5-7。

表 5-7　　　　　　　　　　　　　龟石水库优化调度方案二

判别条件	贺州站洪水/(m^3/s)	龟石入库流量/(m^3/s)	龟石下泄流量/(m^3/s)
贺州站涨水或 $Q_{贺州}\geqslant 2500m^3/s$ 时	$Q\geqslant 2500$	$Q<100$	$Q_{入库}$
		$100\leqslant Q<800$	100
		$Q\geqslant 800$	800
	$Q<2500$	$Q<800$	$Q_{入库}$
		$Q\geqslant 800$	800
贺州站退水且 $Q_{贺州}<2500m^3/s$ 时	$Q<2500$	$Q<800$	800
		$Q\geqslant 800$	$Q_{入库}$
库水位≥182.00m			敞泄(不大于天然)

(2)合面狮水库优化调度方案

贺江洪水主要由流域中、上游大范围暴雨形成，合面狮水库位于贺江中游暴雨中心大宁河下游，水库基本控制了中上游洪水。贺江合面狮水库以下河段信都、铺门、南丰等城镇防洪均按照合面狮出库启动预案。考虑到以上因素，合面狮水库优化调度方案采用固定泄量调洪方式。合面狮水库以下贺江广西段主要防护对象信都、铺门镇要求合面狮水库控泄流量为 3500m^3/s 左右，铺门镇河东村等低洼村要求合面狮水库控泄流量为 2700～2800m^3/s；合面狮水库下游贺江广东段南丰镇要求合面狮水库控泄流量为 2200～2800m^3/s，大玉口镇区段要求合面狮水库控泄流量 4800m^3/s；都平镇镇区要求合面狮水库控泄流量 3600m^3/s；白垢镇寿山村要求合面狮水库控泄流量 2500m^3/s。为统筹广东、广西的防洪利益，考虑合面狮水库分别按照 3000m³/s、2800m³/s、2600m³/s、2400m³/s、2200m³/s 控泄拟定调度方案。

合面狮水库现状预报精度可以达到 80%，有效预见期为 6～10h。按照不同控泄流量共拟定 5 种调度方案分析调度效果，本次预报调度采用 6h 预见期，见表 5-8 至表 5-12。

1)合面狮水库优化调度方案一(控泄 2200m³/s)

表 5-8　　合面狮水库优化调度方案一

合面狮入库流量/(m³/s)		合面狮下泄流量/(m³/s)
$Q<1000$	$Q_{6h}>1500$	1500
	$Q_{6h}\leqslant1500$	$Q_{入库}$
$1000\leqslant Q<1500$	$Q_{6h}>2000$	2000
	$Q_{6h}\leqslant2000$	$Q_{入库}$
$2000\leqslant Q<2200$	$Q_{6h}>2200$	2200
	$Q_{6h}\leqslant2200$	$Q_{入库}$
$Q\geqslant2200$		2200
库水位≥88.00m		敞泄(不大于天然洪峰)

2)合面狮水库优化调度方案二(控泄 2400m³/s)

表 5-9　　合面狮水库优化调度方案二

合面狮入库流量/(m³/s)		合面狮下泄流量/(m³/s)
$Q<1000$	$Q_{6h}>1500$	1500
	$Q_{6h}\leqslant1500$	$Q_{入库}$
$1000\leqslant Q<1500$	$Q_{6h}>2000$	2000
	$Q_{6h}\leqslant2000$	$Q_{入库}$
$2000\leqslant Q<2400$	$Q_{6h}>2400$	2400
	$Q_{6h}\leqslant2400$	$Q_{入库}$
$Q\geqslant2400$		2400
库水位≥88.00m		敞泄(不大于天然洪峰)

3)合面狮水库优化调度方案三(控泄 2600m³/s)

表 5-10　　合面狮水库优化调度方案三

合面狮入库流量/(m³/s)		合面狮下泄流量/(m³/s)
$Q<1000$	$Q_{6h}>1500$	1500
	$Q_{6h}\leqslant1500$	$Q_{入库}$

续表

合面狮入库流量/(m^3/s)		合面狮下泄流量/(m^3/s)
1000≤Q<1500	Q_{6h}>2000	2000
	Q_{6h}≤2000	$Q_{入库}$
2000≤Q<2600	Q_{6h}>2600	2600
	Q_{6h}≤2600	$Q_{入库}$
Q≥2600		2600
库水位≥88.00m		敞泄(不大于天然洪峰)

4)合面狮水库优化调度方案四(控泄 2800m^3/s)

表 5-11　　合面狮水库优化调度方案四

合面狮入库流量/(m^3/s)		合面狮下泄流量/(m^3/s)
Q<1000	Q_{6h}>1500	1500
	Q_{6h}≤1500	$Q_{入库}$
1000≤Q<1500	Q_{6h}>2000	2000
	Q_{6h}≤2000	$Q_{入库}$
1500≤Q<2000	Q_{6h}>2500	2500
	Q_{6h}≤2500	$Q_{入库}$
2000≤Q<2800	Q_{6h}>2800	2800
	Q_{6h}≤2800	$Q_{入库}$
Q≥2800		2800
库水位≥88.00m		敞泄(不大于天然洪峰)

5)合面狮优化调度方案五(控泄 3000m^3/s)

表 5-12　　合面狮水库优化调度方案五

合面狮入库流量/(m^3/s)		合面狮下泄流量/(m^3/s)
Q<1000	Q_{6h}>1500	1500
	Q_{6h}≤1500	$Q_{入库}$
1000≤Q<1500	Q_{6h}>2000	2000
	Q_{6h}≤2000	$Q_{入库}$
1500≤Q<2000	Q_{6h}>2500	2500
	Q_{6h}≤2500	$Q_{入库}$
2000≤Q<3000	Q_{6h}>3000	3000
	Q_{6h}≤3000	$Q_{入库}$
Q≥3000		3000
库水位≥88.00m		敞泄(不大于天然洪峰)

5.3.2.2 优化调度方案调洪效果分析

(1)龟石水库优化调度方案调洪效果分析

龟石水库调度效果分析,以贺州水文站为防洪控制断面,对贺州水文站的设计洪水地区组成进行分析计算,采用2.5.2节中分析得到的典型年法和同频率地区组成法共9场设计洪水过程线。

1)基本方案

根据《贺江流域综合规划》采用的龟石调度规则,对9场设计洪水过程线进行调洪计算,各频率计算结果见表5-13、表5-14。以50年一遇设计洪水为例,其调洪过程见图5-4至图5-12。

基本方案下,龟石水库可将贺州水文站50年一遇洪水削减到13~39年一遇,9场洪水中有6场可以削减到安全泄量;可将20年一遇洪水削减到5~16年一遇,9场洪水中有5场削减到10年一遇。

2)龟石水库优化调度方案一

根据龟石水库优化调度方案一对9场设计洪水过程线进行调洪计算,各频率洪水计算结果见表5-15、表5-16。

优化调度方案一中,龟石水库可将贺州站50年一遇洪水削减到15~39年一遇,9场洪水中有4场可以削减到安全泄量;可将20年一遇洪水削减到8~16年一遇,9场洪水中有5场削减到10年一遇。

3)龟石水库优化调度方案二

根据龟石水库优化调度方案二对9场设计洪水过程线进行调洪计算,各频率洪水计算结果见表5-17、表5-18。

优化调度方案二中,龟石水库可将贺州水文站50年一遇洪水削减到17~47年一遇,9场洪水中有3场可以削减到20年一遇;可将20年一遇洪水削减到7~16年一遇,9场洪水中有5场削减到10年一遇。

4)推荐调度规则

3种方案相比,基本方案对于50年一遇设计过程调洪效果最好,方案一次之,对于20年一遇洪水,方案二效果稍好。考虑到目前水库下游贺州市、钟山县堤防均是按照基本方案的调度规则调蓄后的设计洪水计算,且《贺江流域综合规划》采用了该规则,同时贺州市主要保护对象设防标准基本达到了20年一遇,因此,建议龟石水库采用《贺江流域综合规划》推荐的调度规则。由于《贺江流域综合规划》推荐的调度规则中龟石水库采用的起调水位为180.5m,龟石水库现状汛限水位为181m,采用推荐调度规则时龟石水库需根据水库雨水情预测,及时组织预泄,在洪水来临时提前预泄至180.5m以下运行。

表 5-13 龟石水库基本方案50年一遇洪水调洪效果

序号	地区组成	年型	龟石水库				贺州水文站			
			入库流量/(m³/s)	出库流量/(m³/s)	削减流量/(m³/s)	动用库容/亿m³	调节前/(m³/s)	调节后/(m³/s)	削峰/(m³/s)	调洪后重现期/a
1	典型洪水组成法	1994	1739	1100	639	0.28	3700	3282	418	29
2		2002	995	1000	0	0.49	3700	3259	441	28
3		2008	3452	2372	1080	0.68	3700	2977	723	19
4	贺州龟石同频,区间相应	1994	2390	1100	1290	0.43	3700	3077	623	22
5		2002	2390	1100	1290	0.68	3700	3523	177	39
6		2008	2390	1100	1290	0.50	3700	2816	884	15
7	贺州区间同频,龟石相应	1994	2548	1122	1426	0.68	3700	2809	891	15
8		2002	2347	1551	795	0.68	3700	2871	829	16
9		2008	3162	1848	1314	0.68	3700	2710	990	13

表 5-14 龟石水库基本方案20年一遇洪水调洪效果

序号	地区组成	年型	龟石水库				贺州水文站			
			入库流量/(m³/s)	出库流量/(m³/s)	削减流量/(m³/s)	动用库容/亿m³	调节前/(m³/s)	调节后/(m³/s)	削峰/(m³/s)	调洪后重现期/a
1	典型洪水组成法	1994	1407	1100	307	0.06	2992	2861	131	16
2		2002	805	1000	0	0.11	2992	2701	291	13
3		2008	2791	1132	1659	0.61	2992	2005	987	5
4	贺州龟石同频,区间相应	1994	2028	1306	722	0.28	2992	2388	604	9
5		2002	1810	1100	710	0.31	2992	2602	390	12
6		2008	1810	1100	710	0.24	2992	2496	496	10

续表

序号	地区组成	年型	龟石水库				贺州水文站			
			入库流量/(m³/s)	出库流量/(m³/s)	削减流量/(m³/s)	动用库容/亿 m³	调节前/(m³/s)	调节后/(m³/s)	削峰/(m³/s)	调洪后重现期/a
7	贺州区间同频，龟石相应	1994	2028	1306	722	0.28	2992	2388	604	9
8		2002	1940	1100	840	0.36	2992	2530	462	11
9		2008	2581	1100	1481	0.52	2992	2442	550	10

表 5-15　　龟石水库优化调度方案一 50 年一遇洪水调洪效果

序号	地区组成	年型	龟石水库				贺州水文站			
			入库流量/(m³/s)	出库流量/(m³/s)	削减流量/(m³/s)	动用库容/亿 m³	调节前/(m³/s)	调节后/(m³/s)	削峰/(m³/s)	调洪后重现期/a
1	典型洪水组成法	1994	1739	1100	639	0.28	3700	3282	418	29
2		2002	995	995	0	0.47	3700	3259	441	28
3		2008	3452	2602	850	0.47	3700	3287	413	29
4	贺州龟石同频，区间相应	1994	2390	1100	1290	0.43	3700	3077	623	22
5		2002	2390	1100	1290	0.47	3700	3523	177	39
6		2008	2390	1100	1290	0.47	3700	2816	884	15
7	贺州区间同频，龟石相应	1994	2548	1651	896	0.47	3700	2838	862	16
8		2002	2347	2347	0	0.47	3700	3509	191	38
9		2008	3162	2640	522	0.47	3700	2975	725	19

表 5-16 龟石水库优化调度方案一 20 年一遇洪水调洪效果

序号	地区组成	年型	龟石水库 入库流量/(m³/s)	龟石水库 出库流量/(m³/s)	龟石水库 削减流量/(m³/s)	龟石水库 动用库容/亿 m³	贺州水文站 调节前/(m³/s)	贺州水文站 调节后/(m³/s)	贺州水文站 削峰/(m³/s)	贺州水文站 调洪后重现期/a
1	典型洪水组成法	1994	1407	1100	307	0.06	2992	2861	131	16
2		2002	805	805	0	0.11	2992	2701	291	13
3		2008	2791	1691	1100	0.47	2992	2307	685	8
4	贺州龟石同频,区间相应	1994	2028	1306	722	0.28	2992	2388	604	9
5		2002	1810	1100	710	0.31	2992	2602	390	12
6		2008	1810	1100	710	0.24	2992	2496	496	10
7	贺州区间同频,龟石相应	1994	2028	1306	722	0.28	2992	2388	604	9
8		2002	1940	1100	840	0.36	2992	2530	462	11
9		2008	2581	1452	1128	0.47	2992	2442	550	10

表 5-17 龟石水库优化调度方案二 50 年一遇洪水调洪效果

序号	地区组成	年型	龟石水库 入库流量/(m³/s)	龟石水库 出库流量/(m³/s)	龟石水库 削减流量/(m³/s)	龟石水库 动用库容/亿 m³	贺州水文站 调节前/(m³/s)	贺州水文站 调节后/(m³/s)	贺州水文站 削峰/(m³/s)	贺州水文站 调洪后重现期/a
1	典型洪水组成法	1994	1739	894	846	0.47	3700	3092	608	22
2		2002	995	800	195	0.47	3700	3258	441	28
3		2008	3452	3208	244	0.47	3700	3397	303	33
4	贺州龟石同频,区间相应	1994	2390	1384	1006	0.47	3700	2887	813	17
5		2002	2390	1354	1036	0.47	3700	3663	37	47
6		2008	2390	1457	933	0.47	3700	3051	649	21

续表

序号	地区组成	年型	龟石水库				贺州水文站			
			入库流量/(m^3/s)	出库流量/(m^3/s)	削减流量/(m^3/s)	动用库容/亿 m^3	调节前/(m^3/s)	调节后/(m^3/s)	削峰/(m^3/s)	调洪后重现期/a
7	贺州区间同频，龟石相应	1994	2548	1663	885	0.47	3700	2985	715	20
8		2002	2347	2347	0	0.47	3700	3651	49	46
9		2008	3162	3162	0	0.47	3700	3225	475	27

表 5-18　龟石水库优化调度方案二 20 年一遇洪水调洪效果

序号	地区组成	年型	龟石水库				贺州水文站			
			入库流量/(m^3/s)	出库流量/(m^3/s)	削减流量/(m^3/s)	动用库容/亿 m^3	调节前/(m^3/s)	调节后/(m^3/s)	削峰/(m^3/s)	调洪后重现期/a
1	典型洪水组成法	1994	1407	1030	377	0.18	2992	2645	347	12
2		2002	805	800	0	0.11	2992	2701	291	13
3		2008	2791	2084	707	0.47	2992	2543	449	11
4	贺州龟石同频，区间相应	1994	2028	1306	722	0.42	2992	2192	800	7
5		2002	1810	800	1010	0.42	2992	2856	136	16
6		2008	1810	845	965	0.34	2992	2288	704	8
7	贺州区间同频，龟石相应	1994	2028	1306	722	0.42	2992	2192	800	7
8		2002	1940	1940	0	0.47	2992	2497	495	10
9		2008	2581	2111	469	0.47	2992	2367	625	9

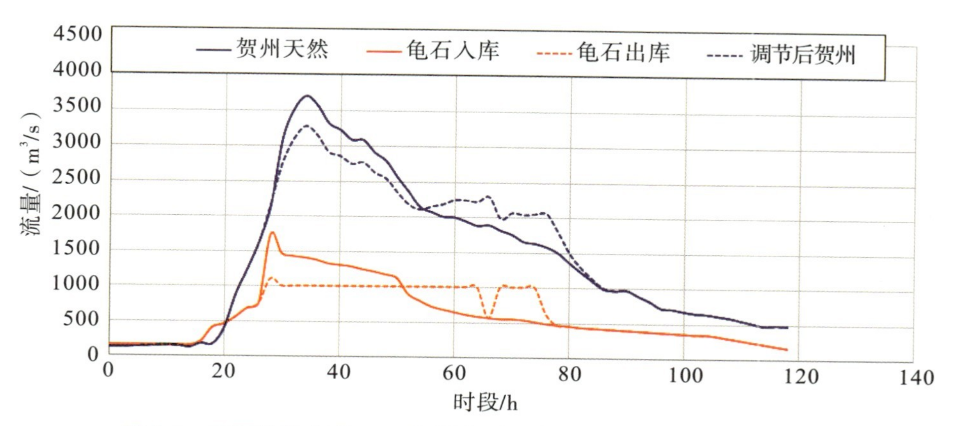

图 5-4 龟石推荐方案 1994 年型典型洪水组成法 50 年一遇调洪过程

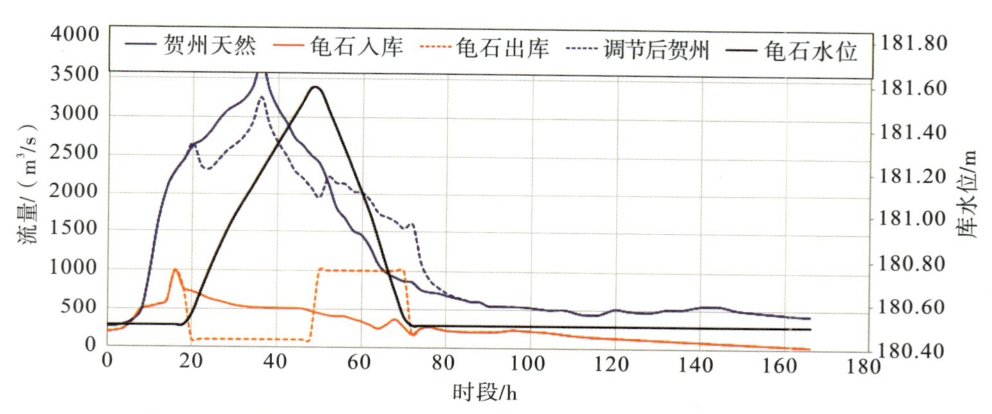

图 5-5 龟石推荐方案 2002 年型典型洪水组成法 50 年一遇调洪过程

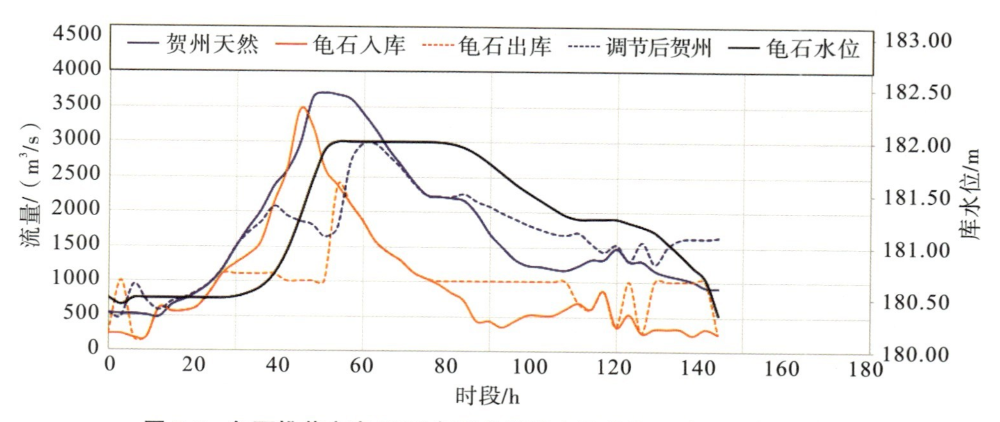

图 5-6 龟石推荐方案 2008 年型典型洪水组成法 50 年一遇调洪过程

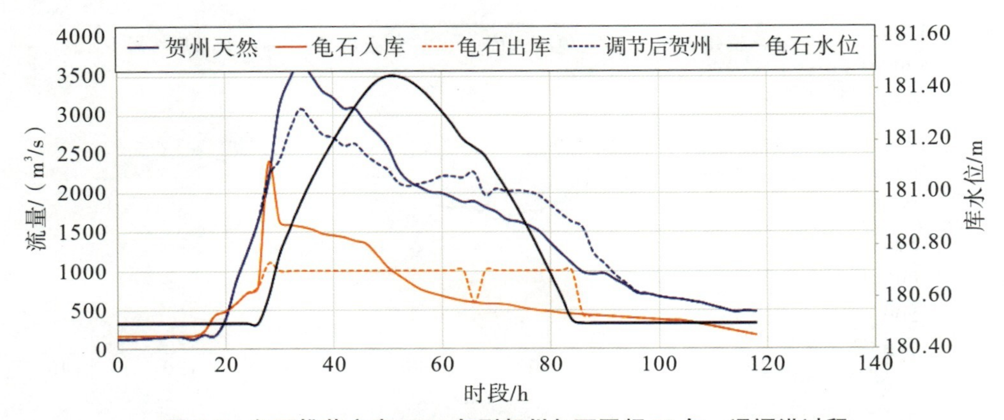

图 5-7 龟石推荐方案 1994 年型贺州龟石同频 50 年一遇调洪过程

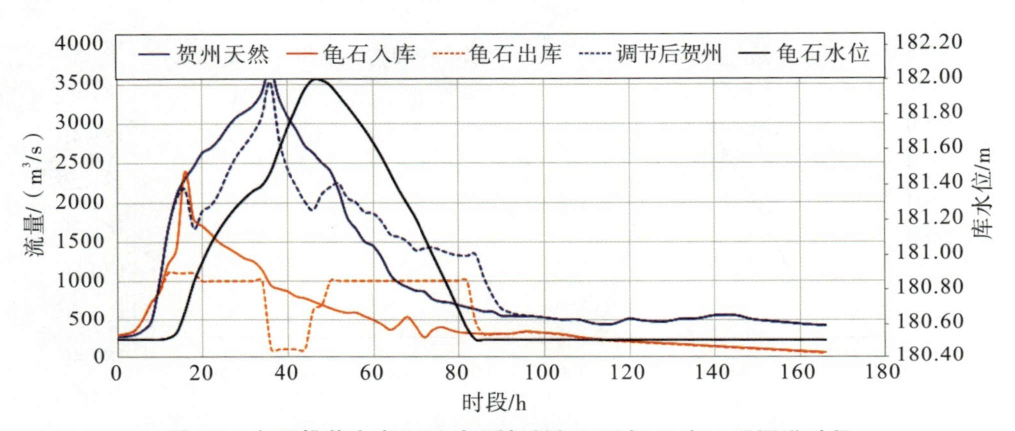

图 5-8 龟石推荐方案 2002 年型贺州龟石同频 50 年一遇调洪过程

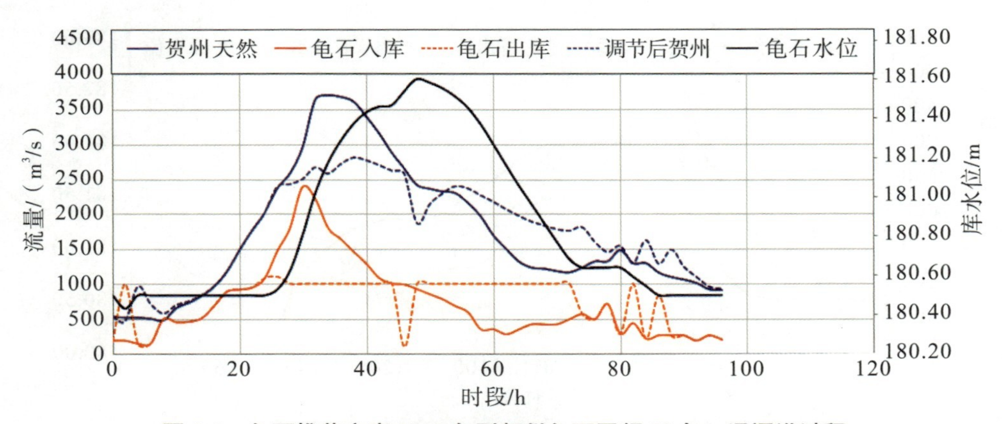

图 5-9 龟石推荐方案 2008 年型贺州龟石同频 50 年一遇调洪过程

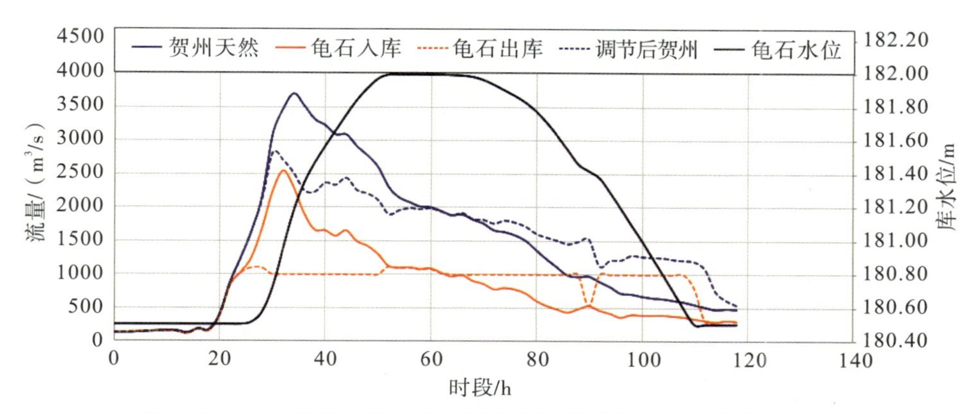

图 5-10 龟石推荐方案 1994 年型贺州区间同频 50 年一遇调洪过程

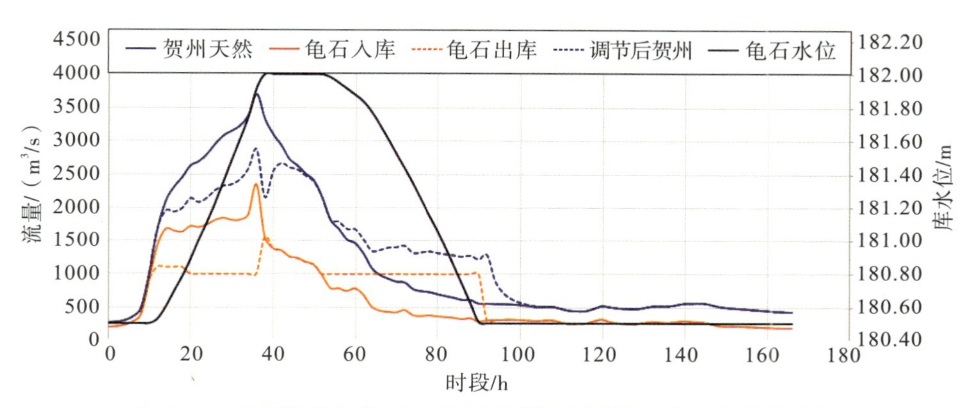

图 5-11 龟石推荐方案 2002 年型贺州区间同频 50 年一遇调洪过程

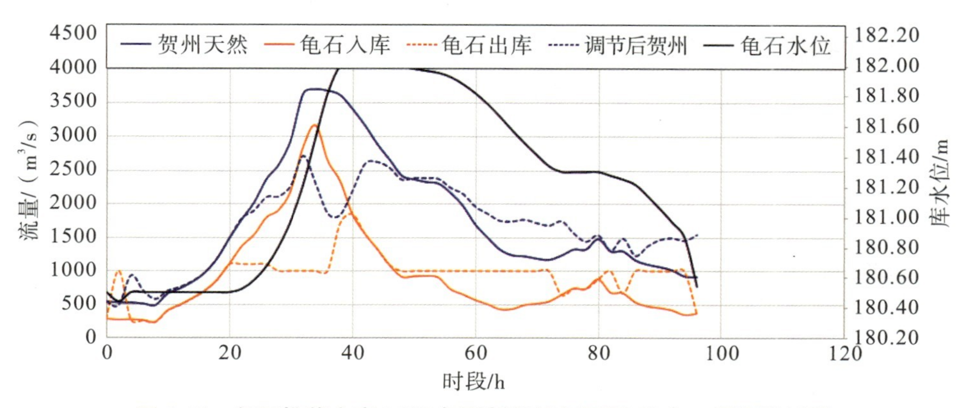

图 5-12 龟石推荐方案 2008 年型贺州区间同频 50 年一遇调洪过程

(2)合面狮水库优化调度方案调洪效果分析

合面狮水库调度效果分析，选择贺江下游重要控制断面合面狮水库断面进行洪水放大，按照典型洪水组成法放大设计洪水过程线。

合面狮水库采用不同控泄流量，对设计洪水过程线进行调洪计算，各频率洪水计算结果见表 5-19 至表 5-23。从调洪效果看，可以得出以下结论。

表 5-19　　合面狮水电站调度规则一(控泄 $2200m^3/s$)调洪效果

序号	重现期	年型	方案名称	最大入库流量/(m^3/s)	动用库容/亿 m^3	最大出库流量/(m^3/s)
1	100 年一遇	1994	1994dx100	6700	0.33	6700
2		2002	2002dx100	6700	0.33	6700
3		2008	2008dx100	6700	0.33	6700
4	50 年一遇	1994	1994dx50	6000	0.33	6000
5		2002	2002dx50	6000	0.33	6000
6		2008	2008dx50	6000	0.33	6000
7	20 年一遇	1994	1994dx20	5070	0.33	5028
8		2002	2002dx20	5070	0.33	5070
9		2008	2008dx20	5070	0.33	5070
10	10 年一遇	1994	1994dx10	4360	0.33	4251
11		2002	2002dx10	4360	0.33	4360
12		2008	2008dx10	4360	0.33	4360
13	5 年一遇	1994	1994dx5	3600	0.33	2700
14		2002	2002dx5	3600	0.33	2912
15		2008	2008dx5	3600	0.33	2936

表 5-20　　合面狮水电站调度规则二(控泄 $2400m^3/s$)调洪效果

序号	重现期	年型	方案名称	最大入库流量/(m^3/s)	动用库容/亿 m^3	最大出库流量/(m^3/s)
1	100 年一遇	1994	1994dx100	6700	0.33	6700
2		2002	2002dx100	6700	0.33	6700
3		2008	2008dx100	6700	0.33	6700
4	50 年一遇	1994	1994dx50	6000	0.33	6000
5		2002	2002dx50	6000	0.33	6000
6		2008	2008dx50	6000	0.33	6000
7	20 年一遇	1994	1994dx20	5070	0.33	5028
8		2002	2002dx20	5070	0.33	5070
9		2008	2008dx20	5070	0.33	5070
10	10 年一遇	1994	1994dx10	4360	0.33	4020
11		2002	2002dx10	4360	0.33	4187
12		2008	2008dx10	4360	0.33	4300
13	5 年一遇	1994	1994dx5	3600	0.24	2400
14		2002	2002dx5	3600	0.27	2400
15		2008	2008dx5	3600	0.33	2772

表 5-21　　合面狮水电站调度规则三(控泄 2600m³/s)调洪效果

序号	重现期	年型	方案名称	最大入库流量/(m³/s)	动用库容/亿 m³	最大出库流量/(m³/s)
1	100 年一遇	1994	1994dx100	6700	0.33	6700
2		2002	2002dx100	6700	0.33	6700
3		2008	2008dx100	6700	0.33	6700
4	50 年一遇	1994	1994dx50	6000	0.33	5950
5		2002	2002dx50	6000	0.33	6000
6		2008	2008dx50	6000	0.33	6000
7	20 年一遇	1994	1994dx20	5070	0.33	4980
8		2002	2002dx20	5070	0.33	5070
9		2008	2008dx20	5070	0.33	5070
10	10 年一遇	1994	1994dx10	4360	0.33	3745
11		2002	2002dx10	4360	0.33	3858
12		2008	2008dx10	4360	0.33	4300
13	5 年一遇	1994	1994dx5	3600	0.07	2600
14		2002	2002dx5	3600	0.05	2600
15		2008	2008dx5	3600	0.20	2600

表 5-22　　合面狮水电站调度规则四(控泄 2800m³/s)调洪效果

序号	重现期	年型	方案名称	最大入库流量/(m³/s)	动用库容/亿 m³	最大出库流量/(m³/s)
1	100 年一遇	1994	1994dx100	6700	0.33	6700
2		2002	2002dx100	6700	0.33	6700
3		2008	2008dx100	6700	0.33	6700
4	50 年一遇	1994	1994dx50	6000	0.33	5950
5		2002	2002dx50	6000	0.33	6000
6		2008	2008dx50	6000	0.33	6000
7	20 年一遇	1994	1994dx20	5070	0.33	4943
8		2002	2002dx20	5070	0.33	5070
9		2008	2008dx20	5070	0.33	5039
10	10 年一遇	1994	1994dx10	4360	0.33	3647
11		2002	2002dx10	4360	0.33	3343
12		2008	2008dx10	4360	0.33	4041

续表

序号	重现期	年型	方案名称	最大入库流量 /(m^3/s)	动用库容 /亿 m^3	最大出库流量 /(m^3/s)
13	5年一遇	1994	1994dx5	3600	0.00	2800
14		2002	2002dx5	3600	0.00	2800
15		2008	2008dx5	3600	0.04	2800

表 5-23　合面狮水电站调度规则五(控泄 3000m^3/s)调洪效果

序号	重现期	年型	方案名称	最大入库流量 /(m^3/s)	动用库容 /亿 m^3	最大出库流量 /(m^3/s)
1	100年一遇	1994	1994dx100	6700	0.33	6700
2		2002	2002dx100	6700	0.33	6700
3		2008	2008dx100	6700	0.33	6700
4	50年一遇	1994	1994dx50	6000	0.33	5950
5		2002	2002dx50	6000	0.33	6000
6		2008	2008dx50	6000	0.33	6000
7	20年一遇	1994	1994dx20	5070	0.33	4943
8		2002	2002dx20	5070	0.33	5070
9		2008	2008dx20	5070	0.33	5039
10	10年一遇	1994	1994dx10	4360	0.33	3181
11		2002	2002dx10	4360	0.29	3000
12		2008	2008dx10	4360	0.33	3712
13	5年一遇	1994	1994dx5	3600	0.00	3000
14		2002	2002dx5	3600	0.00	3000
15		2008	2008dx5	3600	0.00	3000

①对于20年一遇以上洪水，各方案合面狮水库防洪库容均提前用完，无法起到削减洪峰的作用。

②对于10年一遇洪水，方案一、方案二由于提前用完防洪库容，基本没有调洪作用，方案三可将10年一遇洪水削减到3750～4300m^3/s，方案四可将10年一遇洪水可削减到3340～4040m^3/s，方案五可将10年一遇洪水削减到3000～3700m^3/s，方案五中合面狮水库按照3000m^3/s控泄调洪效果最好。

③对于5年一遇洪水，方案一由于提前用完防洪库容，可将5年一遇洪水削减到2700～2940m^3/s，方案二由于提前用完防洪库容，可将5年一遇洪水削减到2400～2770m^3/s，方案三可将5年一遇洪水削减到2600m^3/s，方案四可将5年一遇洪水削减到2800m^3/s，方案五可将5年一遇洪水削减到3000m^3/s。方案三中合面狮水库按照2600m^3/s调洪效果最好。

④从以上分析成果可知，合面狮水库对于 10 年一遇以上洪水调洪作用较小，对于 10 年一遇以下洪水调洪效果较好，基本可将 5 年一遇洪水削减到河道泄洪能力以内。考虑到贺州市信都、铺门镇要求合面狮出库流量控制为 3500～3600m^3/s(约为 5 年一遇)，部分低洼地区要求合面狮控制出库流量为 2700～2800m^3/s，封开主要保护对象南丰等乡镇要求合面狮出库流量为 2200～2800m^3/s，推荐方案调度效果见图 5-13 至图 5-24，为兼顾上下游，推荐合面狮采用方案四控泄，控泄流量为 2800m^3/s。同时，考虑到下游南丰等乡镇的防洪实际，建议合面狮水库在汛限水位及以下运行，当预报发生较大洪水时，宜组织提前预泄，尽量降低水位运行，控制预泄流量不大于预报入库流量且尽量控制下游南丰镇水位不超过 36.20m。

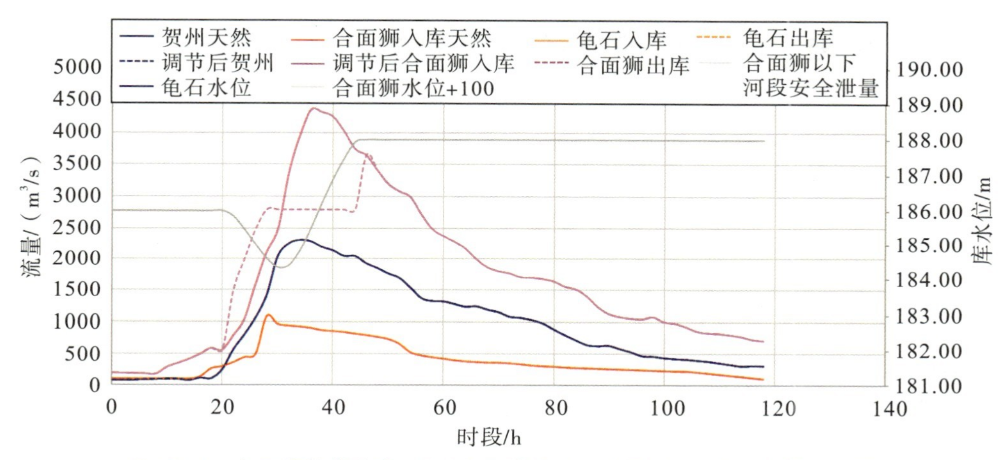

图 5-13　合面狮推荐方案 1994 年型典型洪水组成法 10 年一遇调洪过程

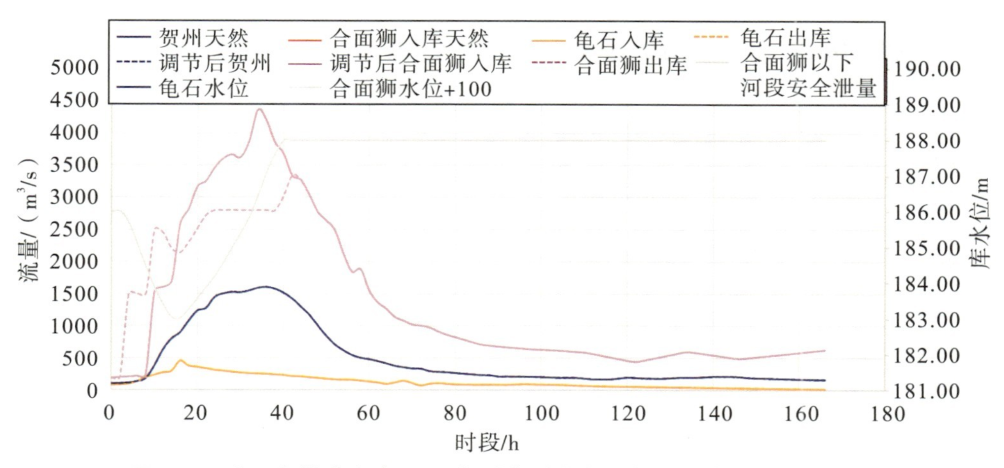

图 5-14　合面狮推荐方案 2002 年型典型洪水组成法 10 年一遇调洪过程

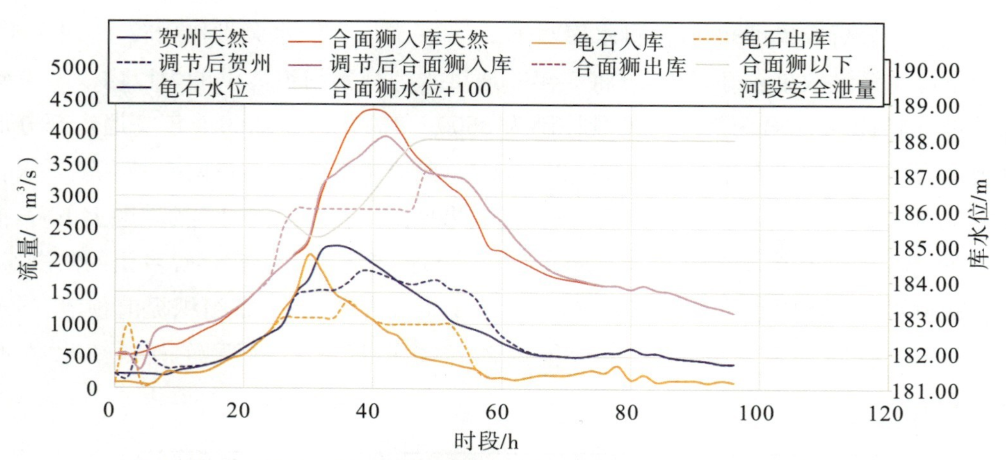

图 5-15　合面狮推荐方案 2008 年型典型洪水组成法 10 年一遇调洪过程

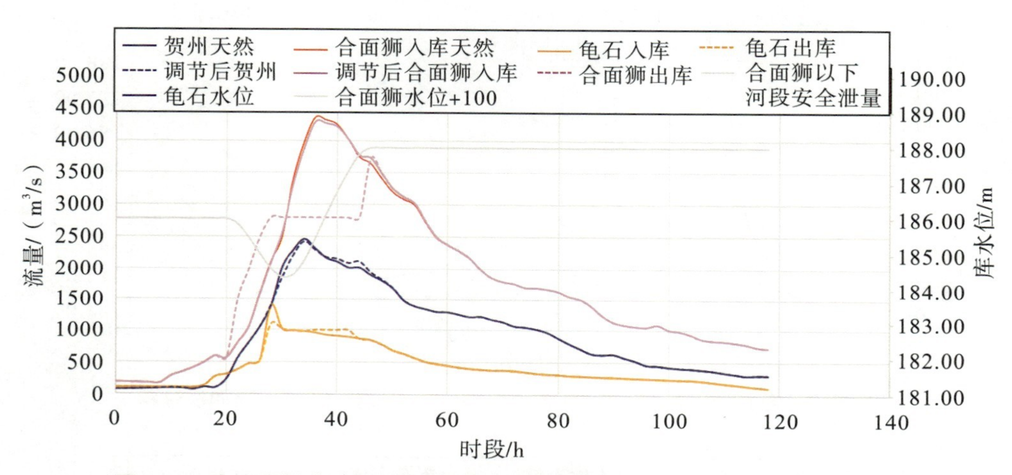

图 5-16　合面狮推荐方案 1994 年型合面狮贺州龟石同频 10 年一遇调洪过程

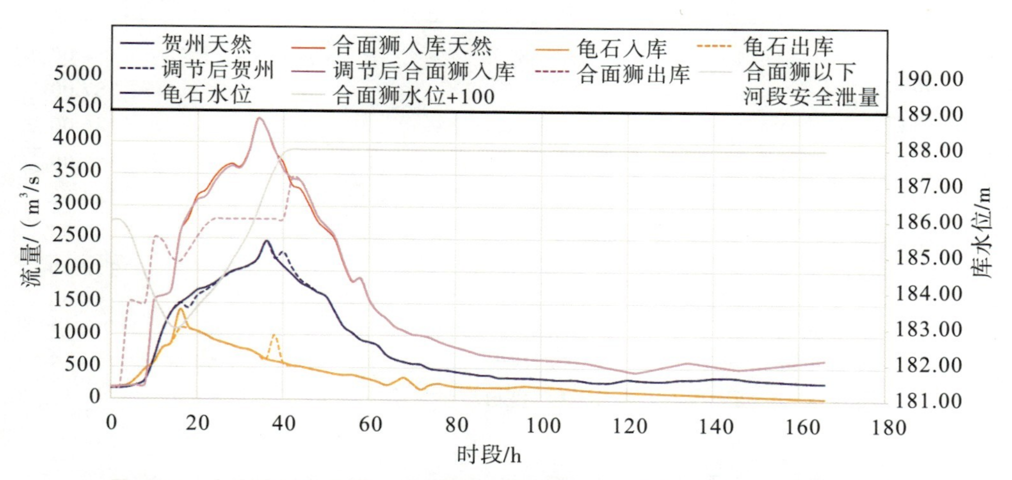

图 5-17　合面狮推荐方案 2002 年型合面狮贺州龟石同频 10 年一遇调洪过程

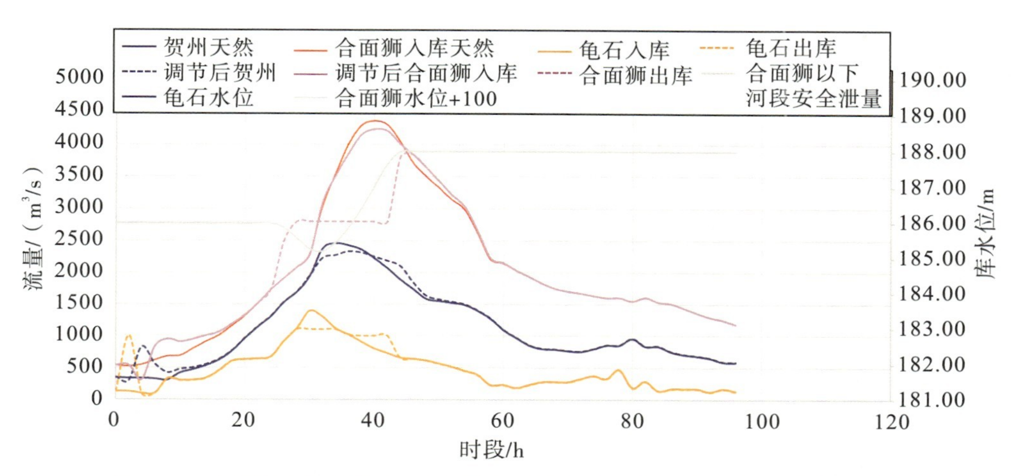

图 5-18　合面狮推荐方案 2008 年型合面狮贺州龟石同频 10 年一遇调洪过程

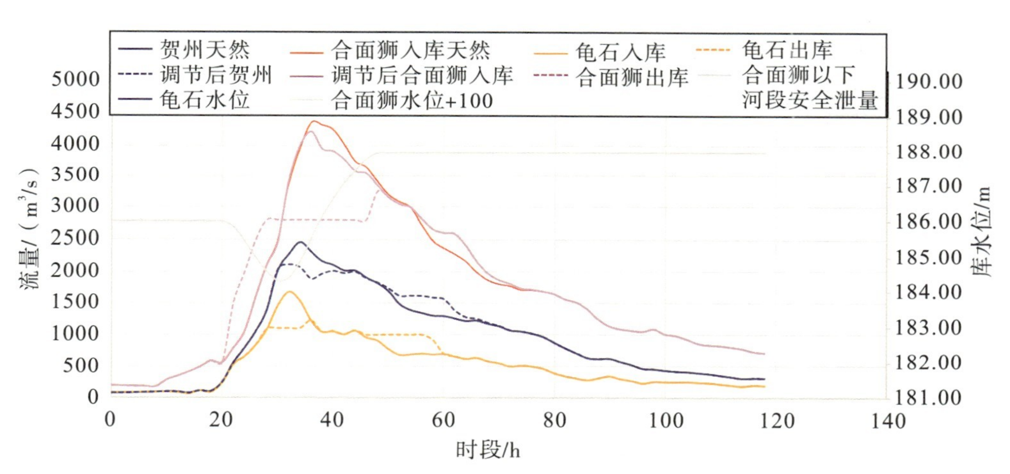

图 5-19　合面狮推荐方案 1994 年型合面狮贺州区间同频 10 年一遇调洪过程

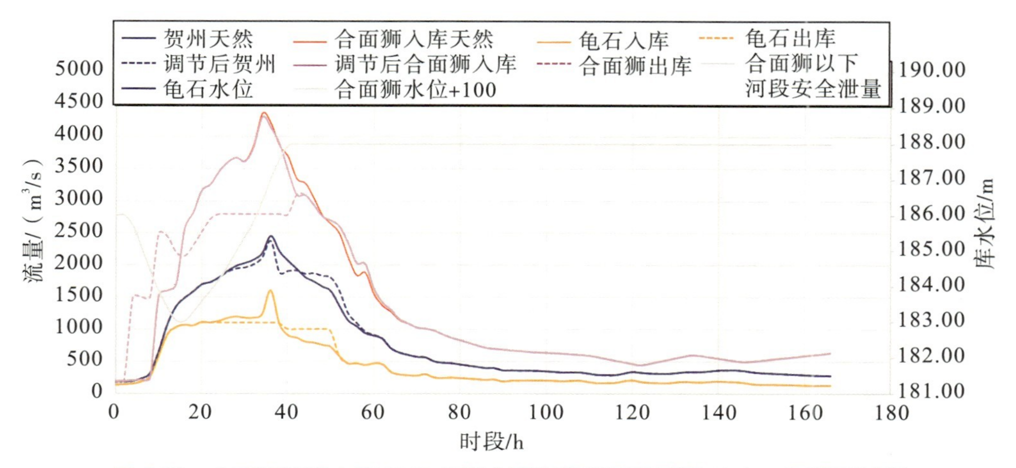

图 5-20　合面狮推荐方案 2002 年型合面狮贺州区间同频 10 年一遇调洪过程

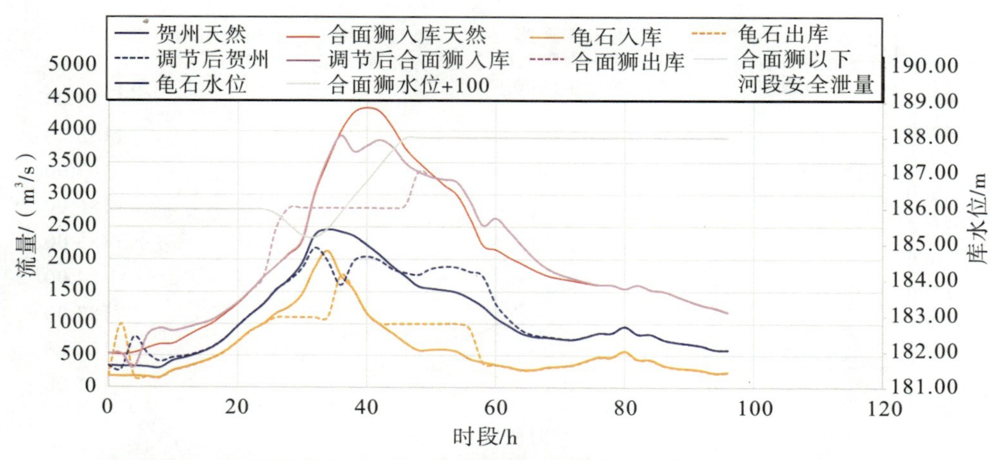

图 5-21 合面狮推荐方案 2008 年型合面狮贺州区间同频 10 年一遇调洪过程

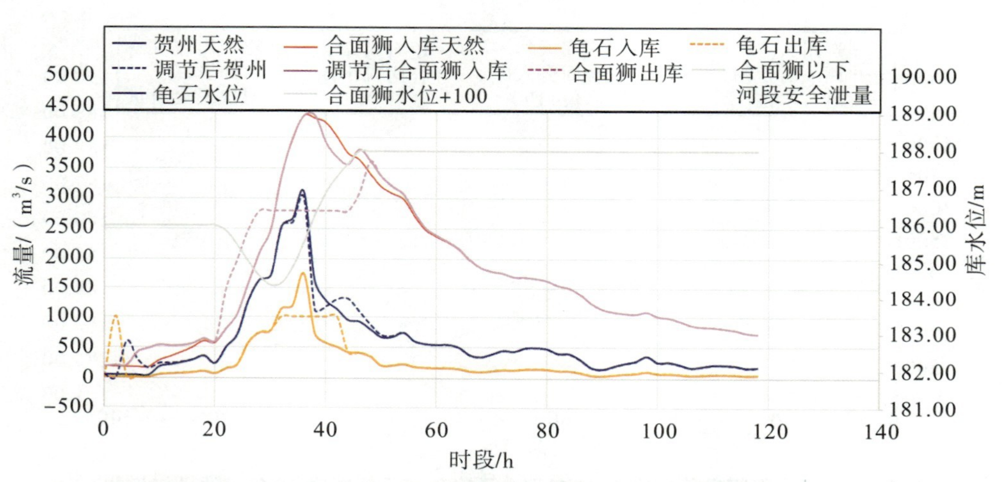

图 5-22 合面狮推荐方案 1994 年型合面狮区间同频、贺州龟石相应 10 年一遇调洪过程

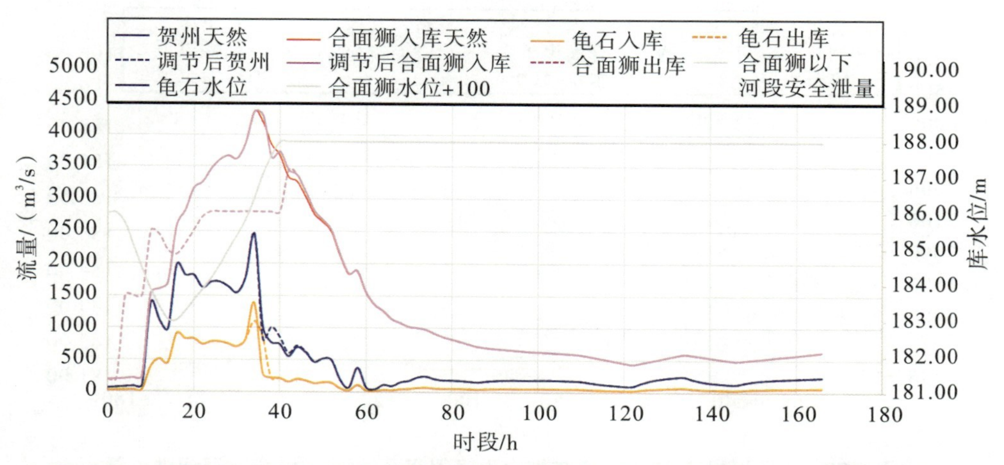

图 5-23 合面狮推荐方案 2002 年型合面狮区间同频、贺州龟石相应 10 年一遇调洪过程

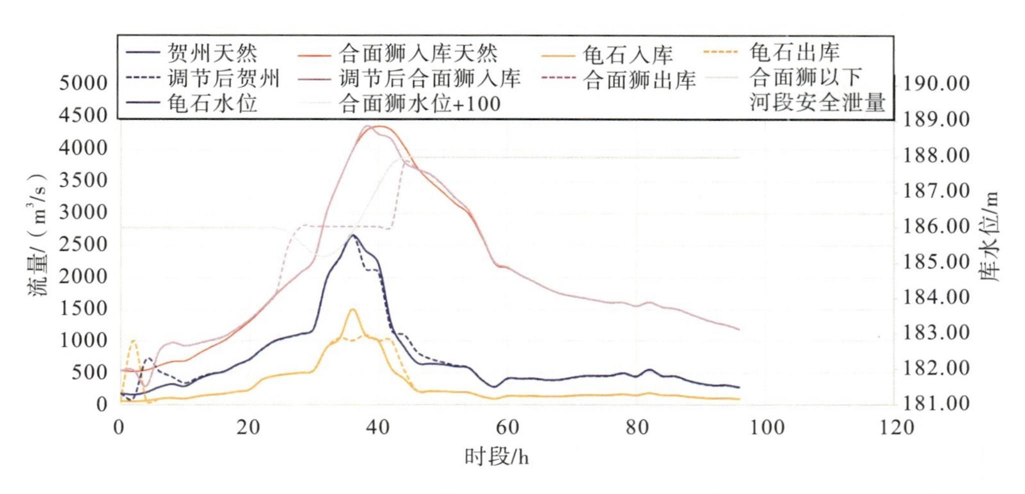

图 5-24　合面狮推荐方案 2008 年型合面狮区间同频、贺州龟石相应 10 年一遇调洪过程

5.3.2.3　推荐联合调度方案

综合 5.3.1 和 5.3.2 的分析，龟石水库调度规则采用《贺江流域综合规划》中推荐的调度规则，采用经验凑泄调度方式，实时调度阶段根据雨水情预报及时组织水库预泄，在洪水来临之前将水位从 181m 及时预泄至 180.5m 以下运行；合面狮水库建议采用固定泄量调洪方式，开展预报预泄调度，采用汛限水位 86.00m 起调以尽量减少水库出库流量突变，当水库水位达到 87.50m 以后，水库入库流量洪水达到 2800m³/s 且仍在上涨时可适当加大出库流量，但应控制其超过入库流量。具体调度规则见表 5-24 和表 5-25。

表 5-24　　龟石水库推荐调度方案

判别条件	贺州水文站洪水/(m³/s)	龟石入库流量/(m³/s)	龟石下泄流量/(m³/s)
贺州水文站涨水或 $Q_{贺州}\geqslant 2500$m³/s 时	$Q\geqslant 2500$	$Q<100$	$Q_{入库}$
		$100\leqslant Q<1000$	100
		$Q\geqslant 1000$	1000
	$Q<2500$	$Q<1100$	$Q_{入库}$
		$Q\geqslant 1100$	1100
贺州水文站退水且 $Q_{贺州}<2500$m³/s 时	$Q<2500$	$Q<1000$	1000
		$Q\geqslant 1000$	$Q_{入库}$
库水位≥182.00m			保坝调度(不大于天然)

表 5-25　　合面狮水库推荐调度方案

入库流量/(m³/s)		下泄流量/(m³/s)
$Q<1000$	$Q_{6h}>1500$	1500
	$Q_{6h}\leqslant 1500$	$Q_{入库}$

续表

入库流量/(m^3/s)		下泄流量/(m^3/s)
$1000 \leqslant Q < 1500$	$Q_{6h} > 2000$	2000
	$Q_{6h} \leqslant 2000$	$Q_{入库}$
$1500 \leqslant Q < 2000$	$Q_{6h} > 2500$	2500
	$Q_{6h} \leqslant 2500$	$Q_{入库}$
$2000 \leqslant Q < 2800$	$Q_{6h} > 2800$	2800
	$Q_{6h} \leqslant 2800$	$Q_{入库}$
$Q \geqslant 2800$		2800
库水位≥87.5m	$Q \geqslant 2800m^3/s$ 且预报仍在上涨	适当加大泄量
库水位≥88.00m		保坝调度(不大于天然洪峰)

实时调度阶段，当贺江流域发生洪水，根据气象水文预报和干支流洪水不同遭遇情况，在确保水库工程自身安全和设计防洪保护目标安全的前提下，适时开展龟石、合面狮等水库联合防洪调度，减轻下游水库防洪压力。

5.3.3 都平、白垢、江口梯级调度方案研究

贺江干流南丰以下分布着都平、白垢、江口等梯级电站，本次方案研究中都平、白垢、江口梯级按其批复的调度方式运行，都平、白垢、江口梯级批复的调度规则如下：

(1)上游来水流量小于等于 $1000m^3/s$

对都平、白垢及江口电站库区均无影响，3 座水库以保持出入库平衡为原则，按正常情况运行。3 个水库上游水位控制为都平电站 34.10m，白垢电站 23.80m，江口电站 14.50m。

(2)上游来水流量大于 $1000m^3/s$ 小于等于 $1500m^3/s$

对白垢电站库区有较大影响，这时利用都平电站水库的削峰作用，尽量减少洪水对白垢库区的影响。操作控制过程如下：

①都平电站出库流量按大于当前入库流量 $200m^3/s$ 控制，坝前消落速度控制为 10cm/h，在 2h 内将都平电站闸前水位由 34.10m 降到 33.90m，控制南丰水位在 35.00m 左右。

②在都平电站增加泄洪时，白垢电站视水位变化情况调整出库流量，以出库流量比入库流量多 $200m^3/s$ 为调控原则，坝前消落速度控制在 10cm/h，在 6h 内将白垢电站闸前水位由 23.80m 降至 23.20m 左右，控制古榄水文站水位在 24.20m 左右。

③在提前预泄阶段，如果上游来水流量峰值保持 $1500m^3/s$ 没有增加，则都平电站可以控制上游水位在 33.90m 运行，在洪峰到来时，在征得封开县三防(防旱、防汛、防台风)部门同意的情况下减少出库流量进行削峰调控，将都平电站的闸前水位由 33.90m 提升至 34.10m 左右，控制坝前水位平均升速为约 5cm/h，整个削峰过程始终确保南丰水文站水位不超过 35.50m。

④在都平电站进行削峰操作期间，白垢电站控制在23.20m左右水位运行，确保古榄水文站水位不超24.56m，此时如果白垢库区恰逢遭遇强降雨而导致渔涝镇内涝，则白垢电站继续降低闸前运行水位，将古榄水文站水位控制在24.40m左右，以保障内涝水行洪通道畅通。

⑤在洪峰过后，都平电厂保持闸前水位不变，让南丰水位随着流量的减少而下降，直至洪水减少至1000m^3/s后按正常情况控制。

⑥白垢电站在洪水消退期间，控制古榄水位由洪峰水位缓慢下降，保持洪水平稳过渡，直至洪水减少至1000m^3/s后按正常情况控制。

⑦在上游来水流量达到1500m^3/s且白垢电站下游水位小于20.30m（白垢电厂大坝堰顶高程）的情形下，为防止水位下降造成江口电站库区塌方及影响库区人民的生活，其闸前水位保持在14.50m水位运行。

⑧整个控制过程中，都平电站闸前水位的变化幅度为0.2m，白垢电站变化幅度为0.6m，此消落幅度均在库区可承受范围内，从而有效避免库区贺江两岸因水位落差过大导致流速过快而造成塌方，特别是都平电站库区，大玉口镇九子母河道存在天然峡口，落差较大，对行洪不利。

(3)上游来水流量大于1500m^3/s小于等于2000m^3/s

白垢电站库区部分易浸区已受到洪水影响。针对这种情况的操作控制过程如下：

①都平电站出库流量按大于当前入库流量300m^3/s控制，平均降速约为15cm/h，在6h内将都平电站闸前水位由33.90m降到33.00m，南丰水文站水位控制在35.00m左右。

②在确认洪峰流量不超2000m^3/s的情况下，在征得封开县三防同意后减少出库流量进行削峰调控，将都平电站的闸前水位由33.00m提高至33.35m左右，控制坝前水位平均升速为5cm/h，整个削峰过程始终确保南丰水位不超过35.50m。

③白垢电站按上游来水流量达到1700m^3/s则闸门全开调度原则执行，为避免闸门短时内全开使上游水位急剧下降造成塌方，闸门全部开启操作时间应控制在2h左右。

④在上游来水达到2000m^3/s且白垢电站下游水位低于20.30m（白垢电站大坝堰顶高程）的情形下，江口电站闸前水位在2h内由14.50m降到14.30m水位运行，平均降速约10cm/h。

(4)上游来水流量大于2000m^3/s小于等于2500m^3/s

白垢电站库区受到洪水较大影响，都平电站库区受淹情况基本可控。针对这种情况的操作控制过程如下：

①都平电站在4h内由33.00m降到32.45m，在洪峰过后，在封开县三防的指导下按上述不同洪水量级的调度原则以及表5-26所列数值对应控制都平电站闸前水位，及时进行回蓄调控减轻白垢库区的受淹灾害，同时也避免都平库区闸前水位长时间过低运行带来的诸多不稳定因素，整个操作控制过程始终确保南丰水文站水位不超过35.50m。

表 5-26 来水流量—闸前运行水位关系

来水流量/(m^3/s)	1600	1700	1800	1900	2000	2100	2200	2300	2400	2500
闸前水位/m	34.10	34.02	33.80	33.57	33.35	33.25	33.05	32.85	32.65	32.45

注：南丰水文站水位均为 35.50m。

②江口电站闸前水位在 5h 内由 14.30m 降到 13.80m 水位运行，平均降速约 10cm/h。

(5)上游来水流量超过 2500m^3/s

都平电站库区南丰镇低洼地带即将受到洪水淹浸影响。针对这种情况的控制过程如下：

①都平电厂闸门在 2h 内全部开启。

②考虑到上游库区堤岸、公路、桥梁、涵洞、码头以及上下游船只的安全，此时江口电站闸前水位保持不低于 13.80m 运行，当下游水位上升至 13.80m 时，在 4h 内将闸门全部开启。

(6)洪峰过后控制过程

①在洪水流量小于 2500m^3/s 后，在征得封开县三防同意后减少出库流量进行削峰调控，控制都平电站闸前水位，及时回蓄减小白垢库区的淹浸时间，但调控过程要确保南丰水文站水位不高于 35.50m 运行，直至洪水流量小于 1000m^3/s 后恢复正常运行。

②白垢电站则在古榄水文站水位低于 24.56m 后开始逐步减少出库流量，调控过程严格控制古榄水文站水位不超过 24.56m 水位运行，直至洪水流量小于 1000m^3/s 后恢复正常运行。

③洪峰过后，江口电站在白垢电站下游水位低于 20.30m 及江口电站下游水位低于 13.80m 后开始关闸回蓄，回蓄过程中确保江口电厂上游水位始终不低于 13.80m，上游来水流量降到 2500～2000m^3/s 时回蓄水位为 13.80～14.30m，小于 2000m^3/s 时回蓄到 14.50m。

5.4 支流东安江洪水调度方案研究

支流东安江上有大型水库爽岛水库，以及爽岛水库下游的西中水库，爽岛水库的防护对象主要为东安江上的犁埠镇和木双镇，西中水库的防护对象主要为木双镇。东安江上的水库调度对贺江干流影响有限，因此，爽岛水库和西中水库维持其现状调度方式，实时调度阶段可根据气象水文预报和干支流洪水不同遭遇情况，在确保水库工程自身安全和设计防洪保护目标安全的前提下，启用爽岛、西中水库拦洪错峰，尽量减轻下游地区的防洪压力。

(1)爽岛水库

爽岛水库调度运行方式采用《苍梧县爽岛水库防洪抢险应急预案》，为满足大坝安全运行和减少下游群众的财产和人身安全及农作物淹没损失，水库的运行方式见表 5-27 及表 5-28。

表 5-27 爽岛水库汛期日常调度运行方式

入库流量 $Q_{入}$/(m^3/s)	控制水位/m	出库流量 $Q_{出}$/(m^3/s)	备注
≤100	89.00	36	正常发电运行
≥350	88.50	≤300	预泄,降低水位运行
≥500	88.50	≥350	预泄,降低水位运行
≥1000	88.20	≥800	泄洪,降低水位运行
≥1500	87.80	≥1200	泄洪,降低水位运行
≥2000	87.50	≥1550	泄洪,降低水位运行
≥2500	87.30	2207	泄洪,停止发电,降低水位运行
≥3000	87.00	≥2207	停止发电,3扇闸门全开,洪水过坝

表 5-28 爽岛水库汛期非常调度运行方式

汛限水位/m	入库流量 $Q_{入}$/(m^3/s)	出库流量 $Q_{出}$/(m^3/s)	到达水位/m	运行时间/h
90	1000	36	90.00	2.97
			91.00	6.12
			92.67	11.39
		350	90.00	4.4
			91.00	9.08
			92.67	16.9
		800	90.00	14.3
			91.00	29.51
			92.67	54.92
	2000	36	90.00	1.46
			91.00	3.01
			92.67	5.59
		100	90.00	2.86
			91.00	5.9
			92.67	10.98
		1500	90.00	5.72
			91.00	11.81
			92.67	21.97

续表

汛限水位/m	入库流量 $Q_{入}$/(m^3/s)	出库流量 $Q_{出}$/(m^3/s)	到达水位/m	运行时间/h
90	≥3000	36	90.00	0.97
			91.00	3.01
			92.67	5.59
		2207	90.00	3.61
			91.00	7.44
			92.67	13.85

(2)西中水库

西中水库是一座以发电和灌溉为主，兼有防洪、养殖及乡镇供水等综合利用的中型水库，正常蓄水位 34.58m，死水位 29.88m，有效库容 912 万 m^3。

当来水流量 $Q \leqslant 138m^3/s$(下游相应水位 23.20m)时，库水位维持在正常蓄水位 34.58m 运行，电站根据来水流量情况，分别开启不同机组正常发电。

当来水流量 $138m^3/s < Q \leqslant 1280m^3/s$(下游相应水位 28.58m)时，控制排洪闸门开度，控制库水位维持在正常蓄水位 34.58m 运行，电站开启所有机组正常发电。

当来水流量 $Q > 1280m^3/s$(下游相应水位 28.58m，此时上下游水位差小于 6m，电站已不能发电)时，电站停止发电，为保证水库大坝安全，减少上游淹没，闸门全部打开敞泄。

5.5 流域防汛会商及信息通报制度

为进一步增强贺江流域洪水风险调控能力，在优化干支流水库群洪水调度方案的基础上，针对贺江洪水防御涉及的湖南、广西和广东 3 省(自治区)，提出加强非工程措施建设与管理，建立信息沟通交流平台，完善流域防汛抗旱会商机制和信息共享机制，实现预报、预测、调度信息共享，可进一步提高流域防洪风险调控决策和管理水平。

5.5.1 非工程措施建设与管理

(1)加强流域水雨情预测预报预警

加强流域与各省(自治区)各级水行政主管部门单位信息互联互通，建成以雨情、水情、工情、灾情信息采集系统和雷达测雨系统为基础、以通信系统为保障、以计算机网络为依托、以决策支持系统为核心的贺江流域防汛决策指挥系统，为各级水行政主管部门及时提供各类防汛信息，加强流域水雨情预测、预报、预警能力建设，为防洪调度决策、避险抢险救灾提供有力的技术支持和科学依据。

(2)健全和完善各类防洪预案

流域内各级政府、各水库应完善相关调度方案、应急抢险预案,并做好培训、演练,确保紧急情况发生时,能迅速、有序执行各项应急预案,及时发布预警信息,转移安置危险区域群众,做好灾害防御及灾后处置工作。

(3)建立健全防汛会商和信息共享机制

汛前组织召开广东、广西两省(自治区)跨境河流(贺江)安全度汛协调会议,汛期根据汛情召开分级联合防汛会商,共同做好洪水防御工作。

建立信息交流与共享机制,定期发布雨情、水情、工情、调度信息,保障汛情及时上传下达,为防汛抢险及时提供有效信息。

(4)加强防洪宣传与培训

加强防洪宣传与培训,结合当地实际,制定具体的防洪教育规划,对防洪保护区内的单位和居民进行防洪教育,普及防洪知识,提高洪患意识,明确防洪责任,自觉履行防洪义务。

5.5.2 贺江防汛会商机制

贺江防汛会商主要分为汛前召开广东、广西两省(自治区)跨境河流(贺江)安全度汛协调会议和汛期根据汛情召开分级联合防汛会商。

5.5.2.1 广东、广西两省(自治区)跨境河流(贺江)安全度汛协调会议

2014年以来,在水利部的指导下,水利部珠江水利委员会会同广东省、广西壮族自治区水利厅连续多年召开广东、广西两省(自治区)跨境河流(贺江)安全度汛协调会议,建立了贺江上下游地区防汛工作联络机制,取得了良好的效果。

(1)会议组织形式

在水利部的指导下,水利部珠江水利委员会牵头组织,由流域范围主要涉及广西、广东省(自治区)、贺州市、梧州市、肇庆市水行政主管机构组成,见图5-16。

(2)会议召开时间与地点

每年汛前4—5月在贺江流域内召开。

(3)参加会议单位

水利部、水利部珠江水利委员会以及广西、广东两省(自治区)相关水行政主管部门、水库(水电站)管理单位。

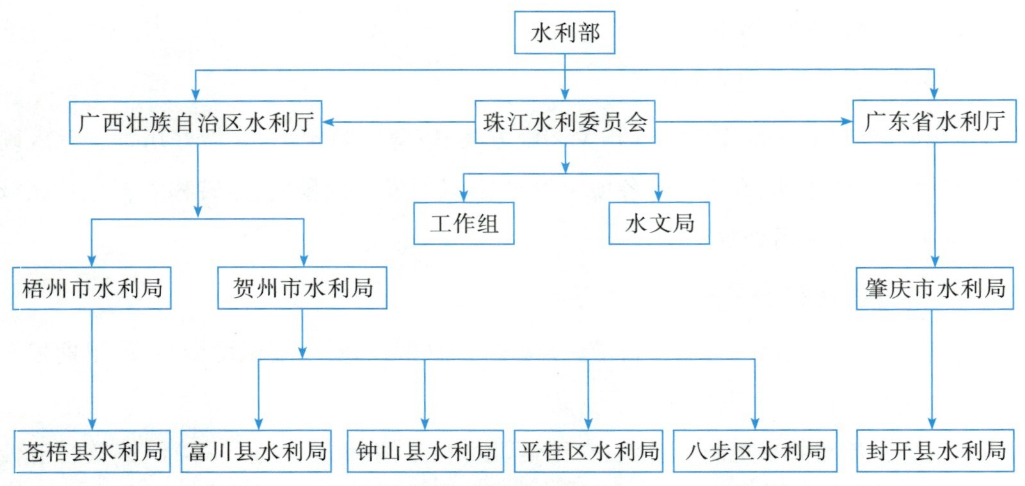

图 5-16 广东、广西两省(自治区)跨境河流(贺江)安全度汛协调会议框架

(4)会议议题

充分利用联席会议的平台,协调解决年度安全度汛及防洪调度工作中存在的问题。

(5)会议成果

会议印发会议纪要,指导当年贺江流域安全度汛工作。

5.5.2.2 分级联合防汛会商

贺江流域属亚热带季风性湿润气候,雨量充沛,暴雨频发。贺江洪水导致沿江城镇、农村及大面积农田受淹,河岸崩塌,冲刷严重,其中流域下游沿江两岸城镇洪涝灾害尤为严重,沿岸城镇防洪压力大。立足全局,兼顾上下游、左右岸地区,实行联合会商机制,加强沟通与协调,切实做好防汛工作;同时,为使联合会商机制能够高效运转,根据预报或实时水情,分级召开视频会商,共同做好洪水防御工作。

(1)以合面狮水库或南丰水文站水情为启动条件会商(表 5-29)

表 5-29 以合面狮水库或者南丰水文站水情为启动条件会商

启动条件	会商层级
合面狮水库出库流量达 2500m^3/s 或南丰水文站水位达到 35.5m	贺州市水利局和肇庆市水利局可视情况启动联合会商
合面狮水库入库流量达 3600m^3/s 或南丰水文站水位达到 36m	珠江水利委员会、广西壮族自治区水利厅和广东省水利厅可视情况启动联合会商

(2)以爽岛水库水情为启动条件会商(表 5-30)

表 5-30　以爽岛水库水情为启动条件会商

启动条件	会商层级
爽岛水库出库流量达 1000m³/s	贺州市水利局和肇庆市水利局可视情况启动联合会商
爽岛水库出库流量达 1500m³/s	珠江水利委员会、广西壮族自治区水利厅和广东省水利厅可视情况启动联合会商

(3)以龟石水库或流域水情为启动条件会商(表 5-31)

表 5-31　以龟石水库或流域水情为启动条件会商

启动条件	会商层级
龟石水库未发生超标准洪水且不需要启动联合调度	贺州市水利局会商
龟石水库发生超标准洪水或发生流域型洪水需要启动联合调度	珠江水利委员会、广西壮族自治区水利厅和广东省水利厅可视情况启动联合会商

5.5.3　信息共享通报机制

近几年广东、广西两省(自治区)跨境河流(贺江)安全度汛协调会议的召开,有效促进了贺江流域广东、广西两省(自治区)水雨情信息收集、洪水预报预警和信息共享。实践表明,切实加强上下游汛期水雨情的信息沟通,特别是水库调度信息的沟通和协调,是做好流域防洪工作的有效手段。

5.5.3.1　信息共享内容

信息共享主要包括贺江流域的经济社会状况,防洪对象、移民征地、生态保护情况;政策法规、防汛抗旱预报、突发水污染应急预案、防洪应急预案;雨情、水情、风情、旱情、工情、水功能区水质、入河排污口、突发水污染事件、险情、山洪地质灾害、人员转移情况;重点区域监视视频等。

5.5.3.2　信息通报方式

通信设备及报汛手段目前主要包括专线电话、程控电话、手机、网络、对讲机等。建议尽快建设贺江流域防汛信息共享平台,促进信息共享和预警预报工作。

5.5.3.3 信息通报制度

(1)水文信息通报

1)每日水情信息报送

流域内各控制站点和龟石、爽岛、合面狮等大型水库以及下游都平、白垢、江口等梯级按照相关规定每日向属地水文部门报送水文信息。

2)加密信息报送

当水库超过汛限水位或进行泄洪时,应加密信息报送,至少每6h报送一次水情信息。

当流域发生加大洪水或进行水库群联合调度时,至少每1h报送一次水情信息,随时保持联系,并做好洪水预报及调洪方案。

3)上下游信息通报

贺江南丰水文站水位超警戒水位(35.5m)后,封开县水利局每小时将贺江南丰站水位报至合面狮水库,合面狮水库总下泄流量超1000m^3/s后每次变化通报至封开县水利局。

(2)防汛信息通报

①雨情、水情、风情、工情、险情、灾情等防汛信息实行逐级上报。

②防汛信息的报送和处理,应快速、准确、翔实,重要信息应立即上报,若因客观原因一时难以准确掌握信息,应及时报告基本情况,同时抓紧了解情况,随后补报详情。

③根据实时雨水情,分级启动联合会商,分析防汛形势,制定水库调度方案,部署相关防御工作,并将会商情况及水库调度方案及时通报流域内水行政主管机构,及时启动应急预案,做好各方防御工作。

(3)预警信息通报

龟石、合面狮、爽岛等水库开闸泄洪时,须按照《中华人民共和国防洪法》和《中华人民共和国防汛条例》的有关规定,提前3h以上对下游进行预警。

1)龟石水库

水库开闸泄洪要向下游各防汛单位发出洪水警报,预计泄洪流量在800m^3/s以上时,需要通知水库下游人员、撤离财产,由龟石水库抗洪抢险指挥部(贺州市人民政府)下令发布警报,下游人员财产撤离由钟山县人民政府、贺州市平桂区管理委员会、贺州市八步区人民政府与涉及的乡镇人民政府负责。

2)合面狮水库

合面狮水库开闸泄洪需要提前3h向下游相关防汛单位、梯级电站发出洪水预警,根据合面狮防汛抢险应急预案提前发出的洪水预警,下游八步区、信都镇、铺门镇、仁义镇和广东封开县人民政府及涉及的乡镇人民政府按照本年度制定的县、乡镇应急预案进行人员和财产转移。

3)爽岛水库

爽岛水库开闸泄洪需要提前3h向下游各防汛单位发出洪水预警,根据爽岛防汛抢险应急预案提前发出的洪水预警,下游苍梧县、梨埠镇、木双镇、广东封开县人民政府及涉及的乡镇人民政府按照本年度制定的县、乡镇应急预案进行人员和财产转移。

5.6 小结

本章以贺江流域水库调度模型为分析手段,对贺江干流龟石、合面狮水库的防洪调度进行了优化研究,提出了两库联合防洪调度方案。同时,提出了支流东安江爽岛、西中水库调度方案,尤其是对西江干流发生洪水时干流下游都平、白垢、江口梯级调度方式提出了要求;在此基础上,为进一步提高风险调控决策、管理水平,提出了完善防汛抗旱会商机制和信息共享通报机制,得出了如下主要结论。

①贺江合面狮水库坝址以上河段的主要保护对象为贺州市平桂区、八步区、贺街镇。贺州水文站位于贺州市城区,可作为中上游防洪控制断面。龟石水库作为贺江上游的控制性工程,控制贺州市以上51%集雨面积,水库调节对下游贺州市等保护对象具有重要的作用,是流域中上游河段的主要调节水库。

贺江合面狮水库坝址以下河段主要的防护对象为贺州市八步区信都镇、铺门镇以及肇庆市封开县的江口、南丰、都平、大洲等城镇。合面狮水库对贺江中下游河段具有调节作用,水库下游贺州八步区信都镇、铺门镇以及肇庆封开县南丰镇、大玉口镇、都平镇、白垢镇等防汛均以合面狮水库出库流量为判断条件。

②推荐龟石水库维持现状调度规则,根据水库雨水情预测,在洪水来临时及时组织预泄,将水位预泄至180.5m以下运行。合面狮水库对于10年一遇以下洪水调洪效果较好,基本可将5年一遇洪水削减到河道泄洪能力以内。考虑到上游广西段贺州市信都、铺门断面要求合面狮水库出库流量控制在2800～3500m^3/s(约为5年一遇),下游广西段封开断面要求合面狮出库流量为2200～2800m^3/s,为兼顾上下游防洪风险和利益诉求,最终推荐合面狮水库采用控泄流量为2800m^3/s。同时,考虑进一步增强防洪风险调控能力,建议合面狮水库在汛限水位及以下运行,当预报发生较大洪水时,宜组织提前预泄,尽量降低水位运行。

③在研究制定洪水调度方案,充分发挥水工程防洪效益,尽力降低洪水风险的基础上,结合贺江流域洪水防御工作的经验,提出完善贺江流域防汛抗旱会商机制和信息共享机制,实现预报、预测、调度信息共享。贺江流域防汛会商主要分为汛前召开广东、广西两省(自治区)跨境河流(贺江)安全度汛协调会议和汛期根据汛情召开分级联合防汛会商;建议尽快建设贺江流域广东、广西两省(自治区)在水雨情信息收集、洪水预报预警和信息的共享平台,建立两地信息共享机制。

第 6 章　贺江中下游保护区洪水避险转移方案

作为洪水风险管理的重要手段之一，规避风险指在研判洪水风险的基础上，评估可能遭受灾害损失的地区和程度，使人员适时撤离风险区域，或通过规划、管制等手段防止承灾体进入高风险区域。洪水避险转移是规避风险的常用方式。

贺江流域防洪工程体系相对薄弱，流域规划没有承担防洪任务的大型水库，龟石水库调整功能后预留防洪库容，合面狮水库能发挥一定的防洪作用，两库合计防洪库容 1.01 亿 m^3，相对贺江流域 20 年一遇 5d 设计洪量 10.3 亿 m^3，洪水调节能力远远不够。因此，对于中下游防洪保护区而言，避险转移是最大限度地减轻洪涝灾害、切实提高保护区人民群众应对防洪风险能力的关键一环。本章从提高风险规避决策能力的角度，基于防洪保护区洪水影响分析和损失评估，结合保护区实际人员分布、避险安置条件等，在现场查勘调研、与当地相关部门充分沟通、与已有防洪预案充分结合的基础上，分析贺江下游防洪保护区洪水风险范围和程度，制定合理可行的避洪转移方案。

6.1　下游防洪保护区洪水风险

根据贺江下游防洪保护区洪水风险计算成果，贺江下游防洪保护区的洪水来源包括贺江洪水、西江洪水和暴雨内涝。保护区洪水风险分析分别以贺江洪水为主要水文条件、以西江洪水为主要水文条件和以保护区内暴雨洪水为主要水文条件的计算结果统计洪水风险情况。

(1)2 年一遇洪水影响范围

以贺江洪水为主要水文条件、以西江洪水为主要水文条件、以暴雨内涝为主要水文条件的 2 年一遇方案淹没面积分别为 3.27km^2、4.21km^2、5.98 km^2，保护区内居民基本不受影响。

(2)5 年一遇洪水影响范围

以贺江洪水为主要水文条件、以西江洪水为主要水文条件、以暴雨内涝为主要水文条件的 5 年一遇方案淹没面积分别为 5.58km^2、7.18 km^2、6.06 km^2，受洪水淹没影响村镇主要包括南丰镇渡头村、附城村、南丰村、勒竹村、尚岗村，都平镇的都平村、清水村，白垢镇的寿山村、白垢村、新泽村，大洲镇的大洲村、东畔村，江口镇的台洞村、勒竹口村、扶来村、群丰村。

(3)10年一遇洪水影响范围

以贺江洪水为主要水文条件、以西江洪水为主要水文条件、以暴雨内涝为主要水文条件的10年一遇方案淹没面积分别为11.81km²、15.83 km²、6.54 km²，受洪水淹没影响村镇主要包括南丰镇且止村、渡头村、九盘村、附城村、南丰村、勒竹村、平滩村、尚岗村，大玉口镇的官滩村，都平镇的都平村、清水村，白垢镇的寿山村、白垢村、新泽村，大洲镇的大洲村、东畔村、大播村，江口镇的台洞村、勒竹口村、扶来村、群丰村。

(4)20年一遇洪水影响范围

以贺江洪水为主要水文条件、以西江洪水为主要水文条件、以暴雨内涝为主要水文条件的20年一遇方案淹没面积分别为15.56km²、16.09 km²、7.39 km²，受洪水淹没影响村镇主要包括南丰镇且止村、渡头村、九盘村、附城村、南丰村、勒竹村、平滩村、尚岗村、汶塘村，大玉口镇的官滩村，都平镇的都平村、清水村，渔涝镇的贺江村、河口村，白垢镇的寿山村、白垢村、新泽村，大洲镇的大洲村、东畔村、东坡村、大播村，江口镇的台洞村、勒竹口村、扶来村、群丰村。

(5)50年一遇洪水影响范围

以贺江洪水为主要水文条件、以西江洪水为主要水文条件、以暴雨内涝为主要水文条件的50年一遇方案淹没面积分别为16.74km²、17.56km²、7.69km²，受洪水淹没影响村镇主要包括南丰镇且止村、渡头村、九盘村、附城村、南丰村、勒竹村、平滩村、尚岗村、汶塘村、金岗村，大玉口镇的官滩村，都平镇的都平村、清水村，渔涝镇的贺江村、河口村，白垢镇的寿山村、白垢村、新泽村，大洲镇的大洲村、东畔村、东坡村、大播村，江口镇的台洞村、勒竹口村、扶来村、群丰村。

(6)100年一遇洪水影响范围

以贺江洪水为主要水文条件、以西江洪水为主要水文条件、以暴雨内涝为主要水文条件的100年一遇方案淹没面积分别为17.21km²、17.56km²、8.18km²，受洪水淹没影响村镇主要包括南丰镇且止村、渡头村、九盘村、附城村、南丰村、勒竹村、平滩村、尚岗村、汶塘村、金岗村，大玉口镇的官滩村，都平镇的都平村、清水村、三洲村，渔涝镇的贺江村、河口村，白垢镇的寿山村、白垢村、新泽村，大洲镇的大洲村、东畔村、东坡村、大播村，江口镇的台洞村、勒竹口村、扶来村、群丰村、丰沙村。

6.2 避险转移洪水量级和范围的确定

参照《避洪转移图编制技术要求(试行)》，避险转移洪水量级一般选取最大量级洪水为对象进行避洪转移分析，避险转移范围一般为最大量级洪水影响范围，按照所有计算方案的淹没外包范围确定。考虑到贺江下游防洪保护区洪水风险的计算方案最高洪水标准为100年一遇，因此避险转移洪水分析选择100年一遇洪水。

贺江发生100年一遇洪水时，贺江下游防洪保护区洪水淹没总面积17.21km²，其中，淹没水深在1m以下的地区占总淹没面积的17%，1～3m的淹没面积占总淹没面积的35%，3m以上的区域占总淹没面积的48%。南丰镇各个淹没水深级别的淹没面积均占该淹没水深级别总面积的一半以上，见表6-1。

表6-1　100年一遇洪水时贺江下游防洪保护区避险转移范围内各镇淹没面积　（单位：km²）

序号	行政区名称	淹没面积	不同淹没水深下淹没面积				
			0.05～0.5m	0.5～1.0m	1.0～2.0m	2.0～3.0m	≥3.0m
1	南丰镇	10.29	1.22	1.06	1.93	2.14	3.95
2	大玉口镇	0.44	0.01	0.02	0.03	0.09	0.29
3	都平镇	0.45	0.04	0.03	0.03	0.04	0.31
4	渔涝镇	0.94	0.07	0.09	0.26	0.18	0.35
5	白垢镇	0.99	0.05	0.02	0.12	0.13	0.66
6	大洲镇	2.21	0.06	0.09	0.17	0.20	1.69
7	江口镇	1.89	0.10	0.12	0.33	0.34	1.01
合计		17.21	1.55	1.41	2.86	3.12	8.26

注：范围取值包含下限值，不含上限值。

6.3 避险转移人员及转移方式

贺江下游防洪保护区的转移单元、转移方式、安置区划定、转移路线确定等均参照《避洪转移图编制技术要求（试行）》相关规定制定。

6.3.1 转移人员及单元

防洪保护区转移单元不大于乡镇，如危险区面积小于1000km²，转移单元不大于行政村。

洪水淹没期的转移人口与淹没区房屋结构、人员组成、生活条件及淹没水深、淹没历时等多种因素有关，由于各村庄房屋结构、分布信息较缺乏，所收集的防洪预案资料中也缺少转移人口数据。本方案涉及贺江下游防洪保护区，大部分居民楼在二层以上，可以本地安置，因为洪水淹没转移人口的确定主要结合所收集到的各村常驻人口数据，然后按一定比例计算，对于一般区域按照5%计算，对于江口、南丰等淹没严重地区按照30%估算，见表6-2。

表 6-2　　贺江下游保护区避洪转移、转移批次及安置区成果

序号	转移单元	所属乡镇	转移人数/人	转移批次	转移方式	安置区
1	且止村	南丰镇	288	第一批次	本地＋转移	且止小学
2	渡头村	南丰镇	100	第一批次	本地＋转移	九盘小学
3	九盘村	南丰镇	135	第一批次	本地＋转移	渡头中学
4	附城村	南丰镇	132	第一批次	本地＋转移	附城小学
5	南丰村	南丰镇	2300	第一批次	本地＋转移	附城小学＋勒竹小学＋平滩村委会
6	勒竹村	南丰镇	303	第一批次	本地＋转移	勒竹小学＋侯村小学
7	平滩村	南丰镇	154	第一批次	本地＋转移	平滩村委会
8	尚岗村	南丰镇	184	第一批次	本地＋转移	尚岗村委会＋尚岗小学
9	汶塘村	南丰镇	203	第一批次	本地＋转移	侯村小学
10	金岗村	南丰镇	170	第一批次	本地＋转移	侯村小学
11	官滩村	大玉口镇	30	第一批次	本地＋转移	官滩小学
12	都平村	都平镇	165	第一批次	本地＋转移	都平敬老院
13	清水村	都平镇	115	第一批次	本地＋转移	清水小学
14	三洲村	都平镇	37	第一批次	本地＋转移	三洲村小学＋后山
15	贺江村	渔涝镇	98	第一批次	本地＋转移	古榄小学
16	河口村	渔涝镇	50	第一批次	本地＋转移	河口小学
17	寿山村	白垢镇	55	第一批次	本地＋转移	寿山村学校
18	白垢村	白垢镇	61	第一批次	本地＋转移	白垢中学
19	新泽村	白垢镇	132	第一批次	本地＋转移	新泽村小学
20	大洲村	大洲镇	139	第一批次	本地＋转移	大洲中学
21	东畔村	大洲镇	64	第一批次	本地＋转移	东畔小学
22	东坡村	大洲镇	76	第一批次	本地＋转移	东坡小学
23	大播村	大洲镇	64	第一批次	本地＋转移	大播小学＋大播祠堂＋百吉小学
24	台洞村	江口镇	155	第一批次	本地＋转移	后山
25	勒竹口村	江口镇	106	第一批次	本地＋转移	勒竹口小学
26	扶来村	江口镇	75	第一批次	本地＋转移	后山
27	群丰村	江口镇	6390	第一批次	本地＋转移	封开县体育中心＋后山
28	丰沙村	江口镇	160	第一批次	本地＋转移	封开县体育中心

贺江下游防洪保护区避险转移以行政村为单元，各镇内需要转移安置的单元见表6-2，保护区总共有28个转移单元，其中，南丰镇内主要有且止村、渡头村、九盘村、附城村、南丰村、勒竹村、平滩村、尚岗村、汶塘村、金岗村10个转移单元，大玉口镇有官滩村1个转移单元，都平镇有都平村、清水村、三洲村3个转移单元，渔涝镇有贺江村、河口村2个转移单元，白垢镇有寿山村、白垢村、新泽村3个转移单元，大洲镇有大洲村、东畔村、东坡村、大播村4个转移单元，江口镇有台洞村、勒竹口村、扶来村、群丰村、丰沙村5个转移单元。

6.3.2 转移方式

避洪方式分为就地安置和转移安置两类。

按照洪水到达时间的不同，确定分批次转移方案，分批转移分区参照以下洪水前锋到达时间的3个区间划定：小于12h，12～24h和大于24h；洪水到达时间小于12h的区域为第一批转移；洪水到达时间在12～24h的区域为第二批转移；洪水到达时间大于24h的区域为第三批转移。

根据计算成果，本次研究方案28个转移单元的洪水达到时间一般在12h以内，因此避险转移采用一次性转移方式。

6.4 安置场所规划

安置区划定遵循以下原则：

①在有安置预案的区域，应结合预案设置安置区。

②安置区应免于洪水威胁，且进出道路通畅。

③可保障避洪人员的基本生活。

④根据转移单元分布及人口数量，兼顾行政隶属关系，按照就近原则确定转移单元—安置区的对应关系。

安置区要求可容纳人数一般按照建筑物内人均面积3m^2，露天区域人均面积8m^{2}的标准估算。

针对28个转移单元，根据实际情况，采取本地安置结合异地转移的避洪方式，根据收集资料和情况，划定28个转移安置区，见表6-3。

表6-3 贺江下游保护区安置区情况

序号	安置区	所属乡镇	安置区容纳人数/人
1	且止小学	南丰镇	1000
2	九盘小学	南丰镇	1000
3	渡头中学	南丰镇	1000
4	附城小学	南丰镇	1000

续表

序号	安置区	所属乡镇	安置区容纳人数/人
5	勒竹小学	南丰镇	1000
6	平滩村委会	南丰镇	500
7	尚岗村委会	南丰镇	500
8	尚岗小学	南丰镇	400
9	侯村小学	南丰镇	1000
10	官滩小学	大玉口镇	1000
11	都平敬老院	都平镇	200
12	清水小学	都平镇	300
13	三洲村小学	都平镇	115
14	三洲村后山	都平镇	100
15	古榄小学	渔涝镇	100
16	河口小学	渔涝镇	500
17	寿山村小学	白垢镇	1000
18	白垢中学	白垢镇	2000
19	新泽村小学	白垢镇	2050
20	大洲中学	大洲镇	5000
21	东畔小学	大洲镇	2000
22	东坡小学	大洲镇	2000
23	大播小学	大洲镇	400
24	百吉小学	大洲镇	300
25	大播祠堂	大洲镇	300
26	台洞村后山	江口镇	500
27	勒竹口小学	江口镇	1000
28	封开县体育中心	江口镇	2000
合计			28265

6.5 转移路线的确定

转移路线确定方法如下：

①路网数据完备但不具备道路通量信息时，按照最短路径原则确定转移路线。

②路网数据完备且具备道路通量信息时，按照时间最短原则建立路径分析模型，分析确定效率最优的转移路线。

③对于道路数据不完备或危险区面积大于 1000km^2 的防洪保护区，可根据转移单元和安置区分布直接标示转移方向。

6.6 避险转移启动

在实际防洪过程中，根据雨水情预测预报、洪水调度信息及洪水风险分析成果，综合评价洪灾风险，识别风险区，有效组织洪灾危险区的居民、财产、物资快速撤离到安全地区，可以尽量减少洪水造成的生命财产损失。

为增强转移避险方案实用性，结合洪水风险分析成果及转移避险方案成果，研究确定避洪转移方案启动条件与不同量级洪水人员转移范围。

(1)启动条件

根据贺江下游防洪保护区洪水风险图计算结果及避洪转移分析成果，当发生 2 年一遇洪水时，贺江下游防洪保护区开始上水，居民基本无须转移，当发生 5 年一遇以上洪水时，部分村庄受淹，需要组织转移避险。因此，当预测预报贺江下游保护区发生超过 5 年一遇洪水时，需提前做好转移避险准备工作。

(2)转移范围

避洪转移方案研究 100 年一遇洪水淹没范围，将需要转移人员划分为 28 个人员转移单元，但各个转移单元具体情况不同，在面对不同量级洪水时是否需要启动转移需要进一步具体分析。

根据贺江下游防洪保护区不同频率来水计算成果以及避洪转移分析成果，不同量级洪水人员转移范围见表 6-4。

表 6-4　贺江下游保护区避各个转移单元避洪转移启动条件

序号	转移单元	所属乡镇	是否启动转移(是√,否×)					
			2 年一遇	5 年一遇	10 年一遇	20 年一遇	50 年一遇	100 年一遇
1	且止村	南丰镇	×	×	√	√	√	√
2	渡头村	南丰镇	×	√	√	√	√	√
3	九盘村	南丰镇	×	×	√	√	√	√
4	附城村	南丰镇	×	√	√	√	√	√
5	南丰村	南丰镇	×	√	√	√	√	√
6	勒竹村	南丰镇	×	√	√	√	√	√
7	平滩村	南丰镇	×	×	√	√	√	√
8	尚岗村	南丰镇	×	√	√	√	√	√
9	汶塘村	南丰镇	×	×	×	√	√	√
10	金岗村	南丰镇	×	×	×	×	√	√
11	官滩村	大玉口镇	×	×	√	√	√	√
12	都平村	都平镇	×	√	√	√	√	√
13	清水村	都平镇	×	√	√	√	√	√

续表

序号	转移单元	所属乡镇	是否启动转移(是√,否×)					
			2年一遇	5年一遇	10年一遇	20年一遇	50年一遇	100年一遇
14	三洲村	都平镇	×	×	×	×	×	√
15	贺江村	渔涝镇	×	×	×	√	√	√
16	河口村	渔涝镇	×	×	×	√	√	√
17	寿山村	白垢镇	×	√	√	√	√	√
18	白垢村	白垢镇	×	√	√	√	√	√
19	新泽村	白垢镇	×	√	√	√	√	√
20	大洲村	大洲镇	×	√	√	√	√	√
21	东畔村	大洲镇	×	√	√	√	√	√
22	东坡村	大洲镇	×	×	×	√	√	√
23	大播村	大洲镇	×	×	√	√	√	√
24	台洞村	江口镇	×	√	√	√	√	√
25	勒竹口村	江口镇	×	√	√	√	√	√
26	扶来村	江口镇	×	√	√	√	√	√
27	群丰村	江口镇	×	√	√	√	√	√
28	丰沙村	江口镇	×	×	×	×	×	√

6.7 相关保障措施

(1)严格落实各级责任

明确县、乡、村、组各级防汛责任人责任分工,各级责任人要严格落实责任,实现防汛责任全覆盖,防止出现责任盲区。完善统一指挥、分工负责的工作机制,加强沟通,形成联动机制,充分发挥各级责任人作用。

(2)做好汛前准备工作

汛前,村防御工作组要对辖区内的桥涵、水库、危险区群众住房、排水、人员转移道路、地质灾害隐患点、泥石流沟道淤积、防汛抢险物资的消耗等进行全面普查,对发现的问题造册登记,在汛前进行处理,无能力处理的要及时向上级报告,请求支援。

(3)编制完善应急预案并组织实施演练

编制并完善防汛应急预案,充分考虑转移安置可能出现的问题,做好应对措施,对于特殊人群的转移安置应采取专项措施,并派专人负责,镇(街道)三防指挥部和村防御工作组应组织预案演练,组织居民熟悉转移路线、程序与安置方案,做到出险时驾轻就熟,迅速避险,确保生命财产安全。

(4)服从指挥,严肃防汛纪律

为及时、有效地实施预案,需制定相应的工作纪律,以确保各项工作落到实处。对工作失职、渎职、脱岗离岗、不听指挥的,要追究相应责任,情节严重的,追究法律责任。

6.8 小结

本章基于防洪保护区洪水分析计算和损失评估成果,结合保护区实际人员分布、避险安置条件等,提出了下游防洪保护区不同量级洪水的风险范围,并最终选择 100 年一遇洪水分析保护区避险转移人员、方式、安置场所和转移路线,主要得到以下结论:

①贺江下游防洪保护区洪水风险包括以贺江洪水为主、以西江洪水为主和以暴雨内涝为主,其中以贺江洪水为主型洪水造成的淹没范围最大。贺江发生 100 年一遇洪水时,贺江下游防洪保护区洪水淹没总面积 17.21 km^2,其中,淹没水深在 1m 以下的面积占总淹没面积的 17%,淹没水深 1~3m 的面积占总淹没面积的 35%,淹没水深 3m 以上的面积占总淹没面积的 48%。南丰镇各个淹没水深级别的淹没面积均占该淹没水深级别总面积的一半以上。

②贺江下游防洪保护区避险转移以行政村为单元,保护区总共有 28 个转移单元,其中,南丰镇内有 10 个转移单元;大玉口镇有 1 个转移单元;都平镇有 3 个转移单元;渔涝镇有 2 个转移单元;白垢镇有 3 个转移单元;大洲镇有 4 个转移单元;江口镇有 5 个转移单元。

③贺江下游防洪保护区 28 个转移单元洪水达到时间一般在 12h 以内,避险转移以一次性转移为主,采取本地安置结合异地转移的避洪方式,划定为 28 个转移安置区。

④根据贺江下游防洪保护区洪水风险计算结果及避洪转移分析成果,当预测预报贺江下游保护区发生超过 5 年一遇洪水时,需提前做好转移避险准备工作。

第7章　贺江超标准洪水防御预案

超标准洪水，顾名思义，是指超出江河湖库设防标准的大洪水。因超标准洪水超出了现状防洪标准，就有可能造成一定程度的淹没和损失，洪水风险管控的难度更大。在加强雨水情监测预报、防洪工程精准调度的前提下，仍然需要认清超标准洪水及其风险的演变特征，增强超标准洪水的预判、防范与应急处置能力，最大限度地挖掘防洪工程体系的潜力，尽可能将洪水风险降低至最小。本章在第4章贺江流域洪水风险评估，第5章贺江洪水协同调控技术研究和第6章贺江中下游保护区洪水避险转移方案的基础上，从工程调度、堤防防守、人员转移等洪水防御工作全链条梳理和制定发生不同量级超标准洪水时的防御和应对措施，减少超标准洪水发生时的洪灾损失，为有效应对贺江流域"黑天鹅""灰犀牛"事件，提高流域洪水风险应急能力提供技术支撑。

7.1　超标准洪水防御原则

超标准洪水具有不确定性的特点，具体表现在超标准洪水的发生往往与极端天气形势相关联，对于具体区域而言具有一定的稀遇性；即使防洪工程体系已经完善，也有可能发生超标准洪水；不同量级超标准洪水的组合，会形成不同的淹没状态，不可能处处都确保安全，面对超标准洪水，必要时得有所放弃，才可能更好地保住重点。结合贺江流域历史大洪水及其规律特性，分析研判可能造成的灾害范围和程度，制定超标准洪水的防御应遵循以下原则。

①以确保人民群众生命安全为首要目标，做好防御工作。

②蓄泄兼施，以泄为主，堤库结合。局部服从全局、电调服从水调、兴利服从防洪。

③当发生标准内洪水时，充分利用河道下泄洪水，科学调度运用防洪水库拦洪、削峰、错峰，确保重要保护目标防洪安全。

④当发生超标准洪水时，尽可能挖掘预测预报对洪水调度的作用，在确保水库工程安全的前提下充分利用水库拦洪削峰，提前做好人员转移安置，适度利用堤防超高或加筑子堤行洪，加强工程巡查、防守、抢护，最大限度地减轻洪灾损失。

7.2　河段划分

结合贺江流域防洪工程现状，按不同河段分别制定超标准洪水防御对策。

7.2.1 贺江中上游段

贺江中上游段重点防洪保护对象为贺州市。贺州市的防洪工程体系由龟石水库和堤防组成。规划城区堤防防洪标准为 20 年一遇，通过与龟石水库联合运用，可将贺州市防洪标准由 20 年一遇提高到 50 年一遇。

目前，龟石水库已建成，贺州市防洪堤现状基本达到 20 年一遇。按照分仓设防原则，城区已建堤防工程形成多个单独分仓，保护面积 8.08km²，保护人口 3.05 万，见表 7-1。

表 7-1　　贺州市主要防洪堤基本情况表

堤防名称	防洪标准	堤防级别	长度/km	堤顶高程/m	保护人口/万	保护面积/km²
西湾西堤	20 年一遇	4 级	2.37	112.50～114.47	0.15	0.35
西湾东堤	20 年一遇	4 级	1.48	112.48～114.62	0.07	0.15
安居堤	50 年一遇（堤库结合）	4 级	1.45	112.68～112.84	0.05	0.10
平桂新城堤	50 年一遇（堤库结合）	4 级	2.09	112.18～112.84	0.05	0.36
江北中路堤	50 年一遇（堤库结合）	4 级	2.20	105.80～108.70	1.28	0.38
江北东路堤	50 年一遇（堤库结合）	4 级	2.50	105.55～107.30	0.48	5.70
江南中路堤	50 年一遇（堤库结合）	2 级	1.86	105.39～107.97	0.77	0.72
江南东路堤（含盘谷河子堤、华山河子堤）	50 年一遇（堤库结合）	2 级	4.71	105.10～105.39	0.20	0.32

7.2.2 贺江下游段

贺江下游段主要防洪保护对象为封开县南丰、渔涝、白垢等镇。

南丰、渔涝、白垢等镇规划堤防防洪标准为 20 年一遇。封开县已建堤防全长 18.1km，现状防洪标准多为 3～5 年一遇，保护人口 0.275 万，保护面积 0.43km²，见表 7-2。

表 7-2　　封开县主要防洪堤基本情况表

堤防名称	防洪标准	长度/km	堤顶高程/m	保护人口/万	保护面积/km²
且止堤	5～10 年一遇	6.2	41.3～44.2	0.240	0.43
三鸦、古达口、大勒口等	3～5 年一遇	11.9	23.5～28.0	0.035	—

7.3 超标准洪水分级

超标准洪水指超出现状防洪工程体系，包括水库、堤防等在内的设防标准的洪水。当防洪工程按照正常调度运用后，控制断面仍然超过堤防保证水位，则该洪水可视为该断面的超标准洪水。根据贺江流域中上游段和下游段的现状防洪能力，选定现状防洪能力对应的A量级洪水作为超标准洪水标准，即大于A量级的洪水为超标准洪水。但超标准洪水是没有上限的，为进一步寻求超标准洪水风险的可控方案，在此基础上将比A量级大一个级别的B量级洪水作为第二级别超标准洪水，分别研究制定防御对策。

贺州市城区堤防基本达到20年一遇标准。当贺江中上游段发生50年一遇洪水时，经龟石水库调洪可控制贺州水文站不超过安全泄量3130m^3/s，相应保证水位106.50m，则贺江中上游段发生50年一遇及以下洪水为标准内洪水，超过该量级的洪水为超标准洪水（超50年一遇）。因此，贺江中上游段控制断面以贺州水文站判断，贺州水文站安全泄量为3130m^3/s，保证水位为106.50m，选定该量级洪水为A量级洪水；选定B量级洪水流量为3700m^3/s（相当贺州水文站50年一遇设计洪峰流量），相应水位为106.95m。

贺江下游段主要保护对象为南丰、渔涝、白垢等镇。南丰镇洪水上街水位36.20m，南丰水文站水位36.20m以下为标准内洪水，超过36.20m的洪水即为超标准洪水。因此，贺江下游段以南丰水文站水位36.20m为A量级洪水；B量级洪水在A量级洪水的基础上增加0.50m，为南丰水文站水位37.10m。

7.4 贺江中上游段超标准洪水防御措施

（1）当预报贺州水文站天然洪峰不超过3700m^3/s时的洪水安排

1）工程调度

提前组织龟石水库预泄至180.50m以下，龟石水库可按调度规则拦蓄洪水，控制贺州水文站流量不超过3130m^3/s，确保贺州市主要防护对象防洪安全。

2）堤防防守

加强洪水预报预警，当贺州水文站水位达到警戒水位103.50m时，加强工程巡查、防守。

3）人员转移

提前做好沙田镇芳林村、莲塘镇、贺街镇等受洪水威胁地区的人员转移安置，转移人口约1.77万，具体转移路线及安置点参照6.4节安置场所规划及6.5节转移路线的确定。

(2)当预报贺州水文站天然洪峰将超过 3700m³/s,龟石水库按照规则调度运用后,预报贺州水文站流量超过 3130m³/s 或水位超过 106.50m,流量不超过 3700m³/s,且水位不超过 106.95m 时的洪水安排

1)工程调度

加强洪水预报预警,在确保水库自身安全的前提下,根据预报情况,龟石水库根据区间来水优化调度尽可能拦洪削峰。

2)堤防防守

在贺州水文站水位接近 106.50m 时,在江北中路、东路防洪堤工程上游马鞍山处加筑临时分仓抢险子堤。

经水库调度后,贺州水文站流量仍超 3130m³/s 或水位仍超 106.50m 并继续上涨时,在确保贺州市堤防工程安全的前提下,适度利用堤防设计水位(103.87~111.34m)至堤顶高程(105.10~112.84m)之间的堤防超高强迫行洪,并进一步加强工程巡查、防守、抢险。

(3)当预报贺州水文站天然洪峰将超过 3700m³/s,龟石水库调度运用后,预报贺州水文站流量超过 3700m³/s 或水位超过 106.95m 时的洪水安排

1)工程调度

加强洪水预报预警,在确保水库自身安全的前提下,根据预报情况,充分利用龟石等大中型水库群拦洪削峰。

2)堤防防守

经水库调度后,贺州水文站流量仍超 3700m³/s 或水位仍超 106.95m 并继续上涨时,在确保贺州市防洪堤工程安全的前提下,可视情况加筑防浪子堤,进一步利用设计水位(103.87~111.34m)至堤顶高程(105.10~112.84m)之间的堤防超高强迫行洪,进一步加强工程巡查、防守、抢险。

3)人员转移

提前做好受洪水威胁的平桂片、江南片、江北片等地区人员转移安置,共需转移安置人口 4.81 万,具体转移路线及安置点参照 6.4 节安置场所规划及 6.5 节转移路线的确定。

7.5 贺江下游段超标准洪水防御措施

(1)合面狮水库按照规则调度后,预报南丰水文站水位不超过 36.20m 时洪水安排

1)工程调度

提前组织合面狮水库预泄,可按调度规则调度运用合面狮水库拦蓄洪水。提前组织都平、白垢、江口等梯级电站预泄,都平电站在入库流量达到 2500m³/s 时敞泄,白垢电站在入库流量达到 1700m³/s 时敞泄,江口电站在入库流量达到 2500m³/s 时敞泄;当西江干流来水较大,预报 24h 后梧州水文站流量将超过 46900m³/s 时,即刻组织都平、白垢、江口梯级预泄,确保在梧州水文站达到 46900m³/s 之前腾空敞泄。

2)堤防防守

当南丰水文站水位达到警戒水位35.50m时，加强工程巡查、防守。

(2)当合面狮水库按照规则调度后，预报南丰水位超过36.20m但不高于37.10m时的洪水安排

1)工程调度

加强洪水预报预警，在保证水库自身安全的前提下，根据预报情况，充分利用龟石、合面狮等大中型水库联合调度拦洪削峰。提前组织都平、白垢、江口等梯级电站预泄，都平电站在入库流量达到2500m^3/s时敞泄，白垢电站在入库流量达到1700m^3/s时敞泄，江口电站在入库流量达到2500m^3/s时敞泄；当西江干流来水较大，预报24h后梧州水文站流量将超过46900m^3/s时，即刻组织都平、白垢、江口梯级预泄，确保在梧州水文站达到46900m^3/s之前腾空敞泄。

2)人员转移

经水库调度后，预报南丰水文站水位仍超过36.20m时，提前做好受洪水威胁的南丰、白垢等镇沿岸地区的人员转移安置，最大限度地减轻洪灾损失，具体转移路线及安置点参照6.4节安置场所规划及6.5节转移路线的确定。

3)堤防弃守

经水库调度后，南丰水文站水位仍超过36.20m时，南丰、白垢等镇沿岸且止、三鸦等堤防加强巡查、防守、抢险，可视情况加筑防浪子堤，适度利用设计水位至堤顶高程之间的堤防超高强迫行洪，洪水漫溢后弃守。

(3)当合面狮水库按照规则调度后，预报南丰水文站水位将超过37.10m时的洪水安排

1)工程调度

加强洪水预报预警，在保证水库自身安全的前提下，充分利用龟石水库拦洪削峰；合面狮水库根据区间来水的预报，适当加大下泄流量，以尽可能降低南丰水文站洪峰水位。提前组织都平、白垢、江口等梯级电站预泄，都平电站在入库流量达到2500m^3/s时敞泄，白垢电站在入库流量达到1700m^3/s时敞泄，江口电站在入库流量达到2500m^3/s时敞泄；当西江干流来水较大，预报24h后梧州水文站流量将超过46900m^3/s时，即刻组织都平、白垢、江口梯级预泄，确保在梧州水文站达到46900m^3/s之前腾空敞泄。

2)人员转移

经水库调度后，预报南丰水文站水位仍超过37.10m时，提前做好受洪水威胁的南丰、白垢等镇沿岸地区人员转移安置，最大限度地减轻洪灾损失，具体转移路线及安置点参照6.4节安置场所规划及6.5节转移路线的确定。

3)堤防弃守

经水库调度后，南丰水文站水位仍超过37.10m时，南丰、白垢等镇沿岸堤防加强巡查、防守、抢险，可视情况加筑防浪子堤，适度利用设计水位至堤顶高程之间的堤防超高强迫行洪，洪水漫溢后弃守。

7.6 小结

本章全面梳理了工程调度、堤防防守、人员转移等洪水防御全过程，制定了发生不同量级超标准洪水时的防御和应对措施，尽力减少发生超标准洪水造成的洪灾损失，主要得到以下结论：

①根据贺江流域防洪工程现状，按贺江中上游段和下游段分别制定超标准洪水防御对策。根据贺江流域中上游段和下游段的现状防洪能力，选定现状防洪能力对应的 A 量级洪水作为超标准洪水标准，在此基础上，将比 A 量级大一个级别的 B 量级洪水作为第二级别超标洪水。

②当贺江中上游段发生超标准洪水时，在确保水库自身安全的前提下，根据预报情况，龟石水库根据区间来水优化调度尽可能拦洪削峰；对贺州市堤防薄弱段加筑临时分仓抢险子堤，在确保贺州市堤防工程安全的前提下，适度利用堤防超高强迫行洪，并进一步加强工程巡查、防守、抢险；提前做好受洪水威胁的地区人员转移安置。

③当贺江下游段发生超标准洪水时，在保证水库自身安全的前提下，充分利用龟石水库拦洪削峰；合面狮水库根据区间来水的预报，适当加大下泄流量，以尽可能降低南丰水文站洪峰水位。提前组织都平、白垢、江口等梯级电站预泄，当西江干流来水较大时，确保都平、白垢、江口梯级在梧州水文站洪水达到 46900m^3/s 之前腾空敞泄。提前做好受洪水威胁地区的人员转移安置，最大限度地减轻洪灾损失。南丰、白垢等镇沿岸堤防可视情况加筑防浪子堤，适度利用堤防超高强迫行洪，洪水漫溢后弃守。

第8章　实践应用及效果评价

洪水风险的最大特点是不确定性，一是发生时间不确定，二是发生地点不确定，三是风险程度不确定，四是成灾结果不确定。针对风险不确定性的难题，本书通过数值模拟的方法，构建贺江流域洪水风险动态评估模型，对贺江流域洪水风险进行识别、研判和评估，揭示了贺江流域防洪保护区的洪水风险影响因素、风险影响范围和程度，判断其致灾能力及可能波及的范围和后果；在此基础上，结合近年贺江流域洪水防御工作实践经验，以最大限度地减免下游保护区的洪水风险为目的，优化了合面狮水库的调度运行方式，制定了干流龟石、合面狮水库联合防洪优化调度方案，以及支流东安江水库群，下游都平、白垢、江口梯级的联合调度运行方式；结合下游防洪保护区产业和人口分布、避险安置条件等，制定合理可行的避险转移安置方案；最后，从工程调度、堤防防守、人员转移等洪水防御工作全链条梳理和制定发生不同量级超标洪水时的防御和应对措施，形成贯穿洪水风险管控全过程的贺江流域洪水防御策略。

本章介绍洪水风险全过程管控关键技术应用于流域洪水防御的工作实践，重点介绍实时洪水风险管控模式及具体工作流程，以及在贺江流域洪水防御实践工作中取得的良好的应用效果。

8.1　实时洪水风险管控模式

实时调度阶段，密切监视雨情、水情变化，加强水文测报，当预报贺江流域将发生洪水时，根据干支流洪水不同遭遇情况和水库蓄水情况，以贺江流域风险动态评估模型为计算手段，通过下游断面实时防洪状态动态调整上游水库群调度方案，在下游断面实时防洪状态与上游水库群调度决策之间建立有效的互馈机制，具体如下：

①结合贺江流域洪水特性，根据水雨情预测的洪水量级和组成，基于本书构建的贺江一、二维水动力学以及洪水损失评估模型进行计算分析，得到流域洪水淹没要素。

②基于贺江洪水淹没要素，研究预测断面前一时段流量和水位、上游干支流断面前期若干时段和当前时段的流量和水位、下游断面前一时段流量和水位、设置为水库调度和淹没风险预报模型的输入因子集 X，以及淹没风险集 Y，构造交互效应回归模型的训练和测试样本集。

③将上述得到的预报模型嵌入水库防洪调度模型中。该模型在下游断面实时防洪状态与上游水库群调度决策之间建立了一种动态响应的互馈机制。尤其是合面狮水库的调度方案，其控泄流量需统筹协调下游广东、广西两省（自治区）河段的防洪风险。实时调度过程中，需根据当前水库调度状况和下游两省（自治区）当前淹没要素，实时调整控泄流量，做到在充分挖掘水库调控潜力的前提下尽力做到两省（自治区）防洪风险均可控。

8.2 应用效果评价

本书提出的风险识别、风险规避、风险调控全过程的贺江流域洪水风险管控技术是支撑贺江流域洪水灾害防御工作由减少灾害损失向减轻灾害风险转变的一次重大突破，具有较好的先进性和实用性，在2018—2022年度贺江流域洪水防御工作中的应用取得了较好的效果，显著提高了贺江流域中下游地区的防洪保障能力。

2020年西江1号（2020年6月）洪水期间，贺江上游富阳水文站发生1960年建站以来第二大洪水（接近50年一遇），贺江中下游发生超标准洪水，8条中小河流发生超警洪水。受高空槽、偏南急流影响，2020年6月6日傍晚开始，贺州市出现强降雨天气，全市普降大暴雨、局部特大暴雨。6月6日8时至6月7日18时，贺州市山洪灾害监测预警平台的396个雨量自动站中，降雨量超过200mm的有36个，100～200mm的有240个，50～100mm的有34个，最大降雨量出现在富川县新华乡（276.2mm）。受强降雨影响，贺江及各支流水位迅速上涨。贺州市于6月2日21时起启动贺州市洪涝灾害Ⅳ级应急响应，6月7日4时起由洪涝灾害Ⅳ级应急响应提升至Ⅲ级响应。

以本书成果为技术支撑，贺江龟石、合面狮、都平、白垢、江口等水库联合调度充分发挥水库的拦洪削峰作用，并提前12～18h发出控制断面南丰水文站的水位和下游地区洪水影响范围的预警信息。通过科学精细调度，龟石水库削减洪峰流量1890m^3/s，削峰率100%，共拦蓄洪水1.13亿m^3，将贺州市城区超20年一遇洪水削减为不到2年一遇，在确保大坝安全的同时也保障了贺州市城区防洪安全，避免了贺州市平桂管理区祥和大桥下游左岸进水；合面狮水库削减洪峰流量500m^3/s，拦蓄洪水4736万m^3，将贺江中下游洪水由10年一遇削减为2年一遇，减少淹没面积6.23km^2，减少淹没耕地394.65hm^2，减少淹没人口3.69万，减小淹没损失2.34亿元。

第9章 结 语

贺江是珠江流域西江水系的一级支流，洪涝灾害频发，给流域上下游地区人民的生命财产安全造成了极大威胁，历来是广西、广东两省（自治区）洪水防御工作的重点。习近平总书记明确提出"坚持以防为主、防抗救相结合，坚持常态减灾和非常态救灾相统一，从注重灾后救助向注重灾前预防转变，从应对单一灾种向综合减灾转变，从减少灾害损失向减轻灾害风险转变"，"两个坚持、三个转变"防灾减灾新理念要求我们加强洪水风险管控，从源头抓起，从预防着手，紧紧抓住减轻洪水灾害风险这个关键，提出相应的措施。水利部关于洪水灾害防御工作重点主要包括水情监测预报预警、水工程防灾联合调度和防御洪水应急抢险技术支撑等方面，这意味着各项工作重点前移至洪水灾害风险管控层面，因此必须加强研究，从认识风险特性着手，结合洪水灾害防御实践经验，提出加强洪水风险管控的措施和方法。选择洪涝灾害多发且防洪工程体系薄弱、洪水调控手段缺乏的贺江流域研究中小流域洪水风险管控关键技术，积极推进洪水风险管理的研究和实践应用，是解决贺江流域防洪薄弱环节的有效途径，也可为其他中小流域的洪水防御工作提供借鉴和参考。

贺江洪水风险全过程管控关键技术成果主要包括以下3个方面。

①洪水数值模拟是进行洪水风险分析、损失评估的重要手段，构建的贺江洪水风险动态评估数学模型适配性好、计算效率高，从洪水发生、发展过程、风险变化范围和实时灾害损失全过程进行洪水模拟和风险评估，为洪水分析计算工作打下了坚实的基础。

贺江洪水风险动态评估模型耦合了水库群联合防洪调度模块、一维河道水动力学与贺江中下游防洪保护区二维水动力学模块以及贺江洪水损失评估模块，并基于OpenMI技术实现了多个模型的集成与耦合。

水库群联合防洪调度模型由静库调洪模型、动库调洪模型和马斯京根法洪水演进模型组成，研究范围包括龟石、合面狮等水库，其中合面狮水库采用动库调洪模型，贺江干流合面狮水库坝址以上河段采用马斯京根法计算洪水演进，合面狮水库坝址以下至江口段采用一维非恒定流数学模型计算洪水演进。贺江下游防洪保护区洪水影响采用贺江与西江河网一维水动力数学模型与贺江下游防洪保护区二维水动力数学模型相互耦合的一、二维联解水动力学模型计算。一维非恒定流模型计算范围是贺江河网及保护区内的主要河道，二维非恒定流模型范围是下游防洪保护区，通过一、二维模型的动态耦合模拟洪水在贺江及保护区内的演进过程，得到不同洪水条件下保护区内的淹没水深、最大洪水流速、洪水前锋到达时间等洪水风险信息。

为满足洪水风险调控决策、应急管理等工作的时效性、准确性和动态性等方面的要求，本书提出了考虑水库调蓄对上下断面水力联系影响的多断面洪水同步预报、洪涝风险评估和水库群防洪调度耦合的动态决策机制，在下游断面实时防洪状态与上游水库群调度决策之间建立了有效的互馈机制。

②洪水风险分析是为洪水风险管控策略提供数据支撑和科学依据的重要基础性工作。识别了贺江流域主要洪水来源及其影响，提出了 3 种不同洪源在不同洪水量级下的风险要素成果，以及在此基础上统计出的下游保护区淹没范围和受影响指标，相应淹没损失为后续制定洪水调控、规避策略提供了有效支撑。

贺江流域下游防洪保护区可能的威胁洪源包括贺江上游洪水、区域内暴雨以及西江下游洪水的顶托。对于洪水量级，参考《洪水风险图编制技术细则(试行)》，分析了 2～100 年一遇共 6 个量级。洪源遭遇组合方案中，当以贺江洪水为主要水文条件，发生 100 年、50 年、20 年、10 年一遇洪水时，西江下游洪水采用 10 年一遇设计洪水；贺江发生 5 年、2 年一遇洪水时，西江下游洪水采用与贺江同频洪水。当以西江下游洪水顶托为主要水文条件，西江发生 100 年、50 年、20 年、10 年一遇洪水时，贺江洪水采用 10 年一遇设计洪水，西江发生 5 年、2 年一遇洪水时，贺江洪水采用与西江同频洪水。各组合下支流东安江采用与贺江同频，区内暴雨采用多年平均。当以保护区内暴雨为主，保护区内发生 100 年、50 年、20 年、10 年、5 年、2 年一遇暴雨时，贺江洪水采用多年平均洪峰流量，支流东安江采用与贺江同频洪水，外江西江也采用多年平均洪峰流量。

从洪水影响来看，以西江洪水为主要水文条件的淹没范围最大，以贺江为主要水文条件洪水的淹没范围较大，以暴雨内涝为主要水文条件洪水的淹没范围较小。相同的洪水类型不同方案淹没范围最大值均发生在最不利的水文条件下，即洪水 100 年一遇、暴雨内涝 100 年一遇。不同水深等级受影响范围中，以贺江洪水为主要水文条件、以西江洪水为主要水文条件的方案基本以淹没水深 3.0m 以上统计范围内的受影响面积最多，以暴雨内涝为主要水文条件的方案以淹没水深 0.05～0.5m 统计范围内的受影响面积最多。相同洪源方案下淹没总面积随洪涝量级减小而递减。

从洪水损失来看，对于不同洪水来源，以贺江和西江洪水为主要水文条件洪水的经济损失大于以暴雨内涝为主要水文条件方案的经济损失，其中，发生 20 年一遇以下以贺江为主要水文条件洪水时对贺江中下游造成的损失小于发生同频率以西江洪水为主要水文条件的洪水，但发生 50 年一遇及以上大洪水时，以贺江为主要水文条件洪水造成的损失大于以西江洪水为主要水文条件的洪水。这说明西江、贺江发生洪水对贺江下游防洪保护区的影响和损失大于区域暴雨内涝造成的影响和损失，贺江发生 50 年一遇以上大洪水对贺江下游防洪保护区造成的影响和损失大于西江洪水顶托对下游防洪保护区的影响和损失。在同一洪源计算方案中，淹没损失数额均呈现随着洪水量级增大而增大的趋势。

③水工程防灾联合调度、应急避险转移安置是最直接的降低和规避洪水风险的有效措

施之一。提出的贺江流域干支流水库群优化调度方案、贺江中下游避险转移安置方案及超标准洪水防御措施，能最大限度地减轻洪涝灾害，切实提高保护区人民群众应对防洪风险的能力。

贺江中上游河段的防洪目标为发生20年一遇以内洪水时充分利用河道行洪，合理利用龟石水库拦洪削峰，减轻下游防洪压力；发生20年一遇以上洪水时，充分发挥龟石水库拦洪削峰作用，力保贺州市城区等重要防护对象安全，及时组织防洪薄弱区域人员撤离。贺江下游河段防洪目标为发生5年一遇洪水时，通过合面狮水库调度减轻下游地区防洪压力；发生5年一遇以上洪水时，合理利用龟石、合面狮等水库联合调度，为下游争取转移避险时间，减少贺江中下游地区淹没损失。

推荐龟石水库维持现状调度规则，根据水库雨水情预测，在洪水来临时及时组织预泄，将水位预泄至180.5m以下运行。合面狮水库对于10年一遇以下洪水调洪效果较好，基本可将5年一遇洪水削减到河道泄洪能力以内。考虑到上游广西段贺州市信都、铺门断面要求合面狮水库控制出库流量为2800～3500m^3/s(约为5年一遇)，下游广西段封开断面要求合面狮水库出库流量为2200～2800m^3/s，为兼顾上下游防洪风险和利益诉求，最终推荐合面狮水库采用控泄流量为2800m^3/s。同时，考虑进一步增强防洪风险调控能力，建议合面狮水库在汛限水位及以下运行，当预报发生较大洪水时，宜组织提前预泄，尽量降低水位运行。

贺江下游防洪保护区避险转移以行政村为单元，保护区总共有28个转移单元。其中，南丰镇内有10个转移单元，大玉口镇有1个转移单元，都平镇有3个转移单元，渔涝镇有2个转移单元，白垢镇有3个转移单元，大洲镇有4个转移单元，江口镇有5个转移单元。贺江下游防洪保护区28个转移单元洪水达到时间一般在12h以内，避险转移以一次性转移为主，采取本地安置结合异地转移的避洪方式，划定28个转移安置区。当预测预报贺江下游保护区发生超过5年一遇洪水时，需提前做好转移避险准备工作。

主要参考文献

［1］ 桂慕文. 中国现代水灾史及其启示下的治水对策［J］. 农业考古，2000(1)：230-239.

［2］ 匡跃辉. 我国水灾的基本特征及成因分析［J］. 中国人口·资源与环境，1998(4)：79-82.

［3］ 匡跃辉. 中国水灾的基本特征［J］. 中国农村经济，1999(7)：11-14.

［4］ 邱瑞田. 我国洪水干旱突发事件及应急管理［J］. 中国应急救援，2007，6(4)：4-8.

［5］ 周武光，史培军. 洪水风险管理研究进展与中国洪水风险管理模式初步探讨［J］. 自然灾害学报，1999(4)：62-72.

［6］ 张继权，冈田宪夫，多多纳裕一. 综合自然灾害风险管理——全面整合的模式与中国的战略选择［J］. 自然灾害学报，2006(1)：29-37.

［7］ 刘学彬. 论日本灾害风险管理模式的特点［J］. 四川行政学院学报，2013，82(4)：35-37.

［8］ 万海斌. 基于风险管控理念的洪水灾害防御策略［J］. 中国水利，2019(9)：1-4.

［9］ 王慧敏，陈蓉，佟金萍. "科层—合作"制下的洪灾应急管理组织体系探讨——以淮河流域为例［J］. 河海大学学报(哲学社会科学版)，2014，16(3)：42-48＋91-92.

［10］ 刘建芬，王慧敏，张行南. 城市化背景下城区洪涝灾害频发的原因及对策［J］. 河海大学学报(哲学社会科学版)，2012，14(1)：73-75＋92.

［11］ 韩岭，盖永岗，刘杨，等. 基于 MIKE FLOOD 模型的湟水河上游洪水风险评估［J］. 中国农村水利水电，2017，417(7)：161-165.

［12］ 谢信东. 中小河流洪水风险分析研究［D］. 南昌：南昌大学，2022.

［13］ 程晓陶. 二论有中国特色的洪水风险管理——探求人与自然良性互动的治水模式［J］. 海河水利，2002(4)：6.

［14］ 吴湘婷，江京会，苏青. 洪水风险管理和洪水资源化浅议［J］. 人民黄河，2002(4)：28-29.

［15］ 刘志雨，夏军. 气候变化对中国洪涝灾害风险的影响［J］. 自然杂志，2016，38(3)：177-181.

[16] 王玉虎，吴亚敏，易灵，等. 基于风险分析的贺江下游地区超标洪水应对策略研究[C]//2021年中国大坝学会调度分会会议论文 . 2021.

[17] 鄂竟平. 论控制洪水向洪水管理转变[J]. 中国水利，2004(8)：15-21.

[18] 王义成. 日本综合防洪减灾对策及洪水风险图制作[J]. 中国水利，2005(17)：32-35.

[19] 苑希民，贾帅静，田福昌，等. 洪水风险快速分析技术方法研究进展[J]. 水利水电技术，2018，49(7)：62-70.

[20] 向立云. 关于我国洪水风险图编制工作的思考[J]. 中国水利，2005(17)：14-16.

[21] 刘树坤，李小佩，李士功，等. 小清河分洪区洪水演进的数值模拟[J]. 水科学进展，1991(3)：188-193.

[22] 赵咸榕. 黄河流域洪水风险图的分析与制作[J]. 人民黄河，1998(7)：4-5+47.

[23] 向立云. 洪水风险图编制与应用概述[J]. 中国水利，2017(5)：9-13.

[24] 向立云. 我国洪水风险区管理探讨[J]. 水利发展研究，2002(9)：26-28.

[25] 陈文龙，宋利祥，邢领航，等. 一维—二维耦合的防洪保护区洪水演进数学模型[J]. 水科学进展，2014，25(6)：848-855.

[26] 牛帅，刘永志，崔信民. 十三围防洪保护区洪水风险分析[J]. 长江科学院院报，2020(1)：56-60.

[27] 丁勇. 河流洪水风险分析及省级洪水风险图研究[D]. 大连：大连理工大学，2010.

[28] 赵琳，李少卿，黄燕. MIKE FLOOD在五泄江漫堤洪水演进模拟中的应用[J]. 中国农村水利水电，2018(5)：138-143.

[29] 姜晓明，李丹勋，王兴奎. 基于黎曼近似解的溃堤洪水一维—二维耦合数学模型[J]. 水科学进展，2012，23(2)：214-221.

[30] 张文婷，唐雯雯. 基于水动力学模型的沿海城市洪水实时演进模拟[J]. 吉林大学学报(地球科学版)，2021(1)：212-221.

[31] 陈俊鸿，刘小龙，王岗，等. 基于一、二维耦合水动力模型的赣西联圩溃堤洪水风险分析[J]. 中国农村水利水电，2017(6)：43-47.

[32] 李政鹏，皇甫英杰，李宜伦，等. 基于BIM+GIS技术的前坪水库溃坝洪水数值模拟[J]. 人民黄河，2021(4)：160-164.

[33] 田雨，张一鸣，李继安，等. 水库溃坝洪水数值模拟及下游风险评价[J]. 水利水电技术，2016，47(9)：130-133.

[34] 张妞. 黄河宁夏段漫溃堤洪水耦合模型及风险评估[J]. 水资源与水工程学报，2018，29(2)：139-145.

[35] 吕勋博,任双立. 永定新河河口风暴潮对其右堤防洪保护区洪水风险影响分析[J]. 水利水电技术,2017,48(10):63-68.

[36] 郭燕波,许士国,孙朝余,等. 基于洪水风险图的超标准洪水防御对策研究[J]. 中国防汛抗旱,2012,22(4):29-31.

[37] 魏晓雯,吴怡蓉,张媛,等. 立足珠江流域防汛实践 抓细抓实"四个链条"[N]. 中国水利报,2022-7-28(5).

[38] 石晓静,查小春,刘嘉慧,等. 基于云模型的汉江上游安康市洪水灾害风险评价[J]. 水利水电科技进展,2017,37(3):29-34.

[39] 张红萍. 山区小流域洪水风险评估与预警技术研究[D]. 北京:中国水利水电科学研究院,2012.

[40] 王天久. 黄河内蒙古段冰凌洪水灾害风险评估及灾情损失评价研究[D]. 呼和浩特:内蒙古农业大学,2022.

[41] 厉凯,王泽民,唐斌斌,等. 区域洪水风险管理模型及其应用[J]. 水利科学与寒区工程,2021,4(3):160-163.

[42] 李娜,王艳艳,王静,等. 洪水风险管理理论与技术[J]. 中国防汛抗旱,2022,32(1):54-62.

[43] 胡苏萍. 综合洪水风险管理新进展[J]. 中国水利,2011(11):49-52.

[44] 张志彤. 实施洪水风险管理是防洪的关键[J]. 中国防汛抗旱,2019,29(2):1-2.

[45] 叶建春,章杭惠. 太湖流域洪水风险管理实践与思考[J]. 水利水电科技进展,2015,35(5):136-141.

[46] 黄波,马广州,王俊峰. 荷兰洪水风险管理的弹性策略[J]. 水利水电科技进展,2013,33(5):6-10.

[47] 俞茜,李娜,王艳艳,等. 荷兰多层次洪水风险管理策略及给我国蓄滞洪区的借鉴[J]. 中国防汛抗旱,2022,32(4):20-24.

[48] 米胤瑜,孔锋. 气候变化背景下城市洪水风险管理体系国际比较与启示:以伦敦、纽约、郑州为例[J]. 水利水电技术,2023:1-14.

[49] 谢信东. 中小河流洪水风险分析研究[D]. 南昌:南昌大学,2022.

[50] 魏博文,李玥康,漆宇豪,等. 基于水动力与模糊综合模型的洪水风险评价[J]. 水利水电技术,2022,53(9):45-56.

[51] 王天泽,王远航,马帅,等. 基于 MIKE FLOOD 耦合模型的洪水淹没风险分析:以北京市某科学城为例[J]. 水利水电技术,2022,53(7):1-17.

[52] 刘高峰,龚艳冰,黄晶. 基于流域系统视角的城市洪水风险综合管理弹性策略研

究[J]. 河海大学学报(哲学社会科学版),2020,22(3):66-73+107.

[53] 单玉书,蔡文婷,薛宣,等. 环太湖城市群防洪大包围建设影响及对策[J]. 中国防汛抗旱,2018,28(2):56-59+65.

[54] 孙殿臣,王慧敏,黄晶,等. 鄱阳湖流域城市洪涝灾害风险及土地类型调整策略研究——以景德镇市为例[J]. 长江流域资源与环境,2018,27(12):2856-2866.

[55] 谌舟颖,孔锋. 河南郑州"7·20"特大暴雨洪涝灾害应急管理碎片化及综合治理研究[J]. 水利水电技术:2023:1-18.

[56] 佟金萍,黄晶,陈军飞. 洪灾应急管理中的府际合作模式研究[J]. 河海大学学报(哲学社会科学版),2015,17(4):69-74+92.

[57] 程晓陶. 2002 年 8 月欧洲特大洪水概述——兼议我国水灾应急管理体制的完善[J]. 中国水利水电科学研究院学报,2003(4):3-10.

[58] 章卫军,廖青桃,杨森,等. 从郑州"2021·7·20"水灾模型推演看城市洪涝风险管理[J]. 中国防汛抗旱,2021,31(9):1-4.

[59] 孔锋. 我国农村防灾减灾救灾体系和能力建设:意义、现状、挑战和对策[J]. 中国减灾,2020,384(21):10-13.

[60] 孔锋,王一飞,吕丽莉,等. 北京"7·21"特大暴雨洪涝特征与成因及对策建议[J]. 人民长江,2018,49(S1):15-19.

[61] 马建明. 关于城市洪涝风险防控体系构建的建议——郑州市"7·20"特大暴雨灾害思考[J]. 中国防汛抗旱,2022,32(4):45-47+71.

[62] 陈娟,毛雨,刘一帆,等. Chris Zevenbergen:城市洪水风险管理的时间尺度[J]. 中国防汛抗旱,2021,31(11):36-37.

[63] 叶志聪,陈轶. 英国近现代洪水风险管理体系发展历程及启示[M]//中国城市规划学会,成都市人民政府. 面向高质量发展的空间治理——2020 中国城市规划年会论文集(01 城市安全与防灾规划). 中国建筑工业出版社,2021:9.

[64] 许怡,吴永祥,王高旭,等. 伦敦城市洪水风险管理的启示[J]. 水利水电科技进展,2019,39(4):13-18+26.

[65] 李媛媛,侯贵兵,王玉虎,等. 中小流域洪水全过程精准管控关键技术及实践应用[J]. 中国水利,2022,952(22):62-65.

[66] 李争和,王保华,李媛媛,等. "四预"措施在贺江流域"22·6"洪水防御中的应用与思考[J]. 中国水利,2022,952(22):55-57+61.

[67] 孔兰,肖许沐,祝银. 生态文明理念下贺江流域现状与问题分析[J]. 水利规划与设计,2019,185(3):9-12.

[68] 西蒙诺维奇.从洪水风险管理到韧性管理:评估全球变化环境下一种新的适应性方法[J].中国防汛抗旱,2019,29(2):6-7.

[69] 姚雪艳,姬凌云.跨国河流洪水风险管理及其对我国跨省河流管理的启示——以多瑙河流域、莱茵河流域为例[J].中国防汛抗旱,2018,28(5):53-59+63.

[70] 刘柏君,雷晓辉,权锦,等.区域洪水风险管理模型构建及应用[J].中国农村水利水电,2016,404(6):72-76.

[71] 陈琳健.景德镇市综合洪水风险管理决策支持系统开发方案研究[D].南昌:南昌大学,2016.

[72] 史光前,陈敏.试论长江流域洪水灾害风险管理[J].人民长江,2006(9):10-12+18+112.

[73] 杜士强,温家洪.从2020年汛期灾情看我国洪涝风险管理的挑战与建议[J].中国减灾,2020,380(17):12-15.

[74] 张红萍.山区小流域洪水风险评估与预警技术研究[D].北京:中国水利水电科学研究院,2013.

[75] 黄金池.我国中小河流洪水综合管理探讨[J].中国防汛抗旱,2010,20(5):7-8+15.

[76] 李琼.洪水灾害风险分析与评价方法的研究及改进[D].武汉:华中科技大学,2012.

[77] 程卫帅.基于致灾过程的区域洪灾风险评估方法及其应用研究[D].武汉:武汉大学,2010.

[78] 谢圣.小流域山洪风险图及风险管理研究[D].杭州:浙江大学,2007.

[79] 万群志.洪水风险分析理论与方法研究[D].南京:河海大学,2003.

[80] 中水珠江规划勘测设计有限公司.贺江流域综合规划(2013—2030)[R].广州:中水珠江规划勘测设计有限公司,2017.

[81] 中水珠江规划勘测设计有限公司.贺江洪水调度方案[R].广州:中水珠江规划勘测设计有限公司,2020.

[82] 中水珠江规划勘测设计有限公司.贺江下游防洪保护区洪水风险图编制[R].广州:中水珠江规划勘测设计有限公司,2019.

[83] 中水珠江规划勘测设计有限公司.贺江下游防洪保护区超标准洪水人员转移避险方案[R].广州:中水珠江规划勘测设计有限公司,2019.

[84] 中水珠江规划勘测设计有限公司.贺江超标洪水防御预案[R].广州:中水珠江规划勘测设计有限公司,2020.